Generis

P U B L I S H I N G

I0031181

TRAORE Boureima

YAMBOUE Auguste

ZONGO Moussa

Reproduction médicalement assistée chez la chèvre du Sahel

TITLE: Reproduction médicalement assistée chez la chèvre du Sahel

AUTHOR: TRAORE BOUREIMA / YAMBOUE AUGUSTE / ZONGO MOUSSA

ISBN: 978-1-63902-211-3

Cover image: www.unsplash.com

Publisher: Generis Publishing
Online orders: www.generis-publishing.com
Contact email: info@generis-publishing.com

Préface

Laya SAWADOGO

Pendant longtemps la recherche universitaire de l'école française était une recherche à vocation fondamentale. Le chercheur était beaucoup plus préoccupé par la rigueur de sa démarche scientifique que par l'application au quotidien des conceptions et modèles qu'il élaborait. Le savant se souciait peu de ce que les connaissances qu'il élaborait pourraient apporter de concret à l'humanité. Sa satisfaction tenait qu'il contribue à reculer les frontières de l'ignorance. Le but lucratif de ses travaux importait peu C'était ; une époque. Mais depuis le milieu du siècle dernier les universités ont bien été obligées d'ouvrir leur tour d'ivoire à la société. La recherche ne peut plus se permettre d'être contemplative ; elle se doit d'être applicable et appliquée, voilà une toute autre philosophie. Mais comme il reste entendu que qui peut le plus peut le moins, les laboratoires allaient au fil des années s'adapter aux besoins de la société, exprimés par les différents leaders d'opinion. Les Etats étant les pourvoyeurs de ressources financières des universités, pour le moins ; la recherche doit répondre aux attentes des Etats. L'applicabilité dans la durée est progressivement apparue comme critère de financement de la recherche. La conséquence prévisible de cet état d'esprit majoritaire somme toute ; est que la recherche fondamentale est devenue par la force des choses le parent pauvre des activités universitaires. Aujourd'hui ; comme on peut le constater ; partout dans le monde ; un laboratoire n'est bien soutenu que si ses travaux sont « rentables » tout de suite….. On n'y peut apparemment rien ; il faut s'y faire.

Dans le temps, en endocrinologie ce qui intéressait, c'était la connaissance fine des mécanismes qui présidaient aux fonctionnements de l'organisme. Ainsi, en matière de reproduction animale le plus gros des efforts des chercheurs se concentraient sur la connaissance fine des mécanismes hypothalamo-hypophysaires et leurs relations avec les gonades. Cette connaissance quasi platonique suffisait largement à animer les écoles d'endocrinologie dans le monde. Aujourd'hui il importe peu ; au plan scientifique de spéculer sur l'action de FSH ou LH sur la fonction ovarienne, elle est bien connue. Ce qui importe c'est comment utiliser ces connaissances pour maitriser la reproduction chez les mammifères y compris chez la femme.

C'est dans cette optique que sous la direction de Monsieur ZONGO Moussa, Maitre de Conférences à l'Université Joseph KI ZERBO de Ouagadougou, Monsieur Traoré Boureima s'est posé la question de la maitrise de la reproduction chez la chèvre du Sahel.

Cette approche nous a paru d'autant plus intéressante et importante parce que au Burkina Faso et dans la sous- région ouest africaine l'élevage caprin occupe une place importante dans la lutte contre la pauvreté et l'insécurité alimentaire et nutritionnelle.

Au plan socioculturel et même religieux, la chèvre reste l'animal le plus sollicité lors de certains évènements sociaux tels que les baptêmes les mariages les réceptions d'hôtes, les cérémonies funéraires et autres sacrifices « aux ancêtre » .

Au plan nutritionnel, les caprins constituent une importante source d'approvisionnement en protéines animales, viande et lait surtout en milieu rural.

Au plan économique la chèvre est qualifiée de « vache du pauvre » et constitue de ce fait une source de revenus non négligeable pour les ménages ruraux

Malgré cette importance peu contestable, force reste de remarquer que l'élevage caprin a été très longtemps marginalisé au profit de celui des bovins et des ovins. C'est ce qui à nos yeux rend importants les présents travaux de Monsieur Traoré.

Ce travail contribuera à n'en pas douter, à apporter aux producteurs et aux techniciens des indicateurs importants de contrôle de la reproduction des caprins. Ces connaissances contribueront à améliorer la rentabilité des élevages et à approfondir les connaissances sur le développement embryonnaire et fœtal chez es caprins. Les techniques échographiques utilisées dans cette étude, en avant-première permettront de caractériser la gestation chez la chèvre du Sahel par :

-La détermination de la dynamique du développement embryonnaire et la croissance fœtale,

-L'évaluation de l'aptitude échographique appliquée *in vivo* à la détermination du sexe fœtal,

-L'évaluation de l'aptitude de l'échographie appliquée à la foetométrie et à l'estimation de l'âge de gestation..

Il s'agit bien là d'un travail d'une originalité sans conteste et qui prélude à des recherches plus pointues encore sur la maitrise de la reproduction des animaux domestiques.

LISTE DES FIGURES

LISTE DES TABLEAUX

SIGLES ET ABREVIATIONS

% : pourcentage

°C : degré Celsius

cm : Centimètre

DG : Diagnostic de Gestation

EIA: Enzyme Immuno Assay

ELISA: Enzyme Linked Immunoscrbent Assay

EPF: Early Pregnancy Factor

FSH: Folliculo Stimulating Hormon

GF: Growth Factor

GH: Growth Hormon

GMQ : Gain Moyen Quotidien

GnRH : Gonadotrophin Releasing Hormon

HG : Hauteur au Garot

HPL : Hormone Placentaire Lactogène

Hz : Hertz

MHz : Méga Hertz

IA: InséminationArtificielle

IGF : Insulin Growth Factor

im : Intramusculaire

j : Jour

JC : Jésus Christ

kg : Kilogramme

l : Litre

LH : Luteinizing Hormon

MASA/CEFCOD: Ministere de l'Agriculture et de la Sécurité Alimentaire/ Centre d'Etude, de Formation et de Conseil en Développement

mg : Milligramme

ml : Millilitre

mm : Millimètre

MRA : Ministère des Ressources Animales

P4 : Progestérone

PAG : Protéines Associées à la Gestation

PGF2α : Prostaglandine F2 α

PMSG : Pregnant Mare SerumGonadotropin

PP : Post-partum

PSPB : PegnancySpecificProtein B

PT : Périmètre Thoracique

PV: PoidsVif

RIA: Radio Immuno Assay

Se : Sensibilité

SeF : Sensibilité Femelle

SeM : Sensibilité Mâle

SeT : Sensibilité Total

Sp : Spécificité

VPN : Valeur Prédictive Négative

VPP : Valeur Prédictive Positive

RESUME

Le contrôle de la gestation constitue un moyenimportant pour organiser et optimiser les productions animales. La présente étude a pour objectif de déterminer lescaractéristiques et les séquences du développement embryonnaire et fœtal chez la chèvre par échographie. L'étude a été réalisée sur des chèvres du Sahel. Un échographe muni de deux sondes dont l'uneest transrectale de 5Mhz et l'autre transabdominale de 3,5Mhz a été utilisé. Les examens ont débuté de J15 post-saillie jusqu'à J120. L'expérimentation a été réalisée en trois parties, le suivi des caractéristiques et des séquences du développement embryonnaire, la biométrie fœtale et l'évaluation de l'aptitude de l'échographie à la détermination du sexe et de l'âge de la gestation.La chronologie du développementembryonnaireest marquée par l'observation d'une vésicule embryonnaire de diamètre $9,42 \pm 1,01$ mm contenant un embryon filamenteux de longueur $7,37 \pm 1,05$ mm à $23,80 \pm 3,76$ jours. Les battements cardiaques et le cordon ombilical ont été observés à J28. L'ossification de la voûte crânienne a été observéeà J40. A partir de J45 de gestation, les membres, la tête, la queue, le cordon ombilical, la colonne vertébrale et le corps sont bien individualisés. La migration du tubercule génitale est complète à $46,01 \pm 5,02$ jours de gestation. Les bourgeons mammaires, le prépuce et les mouvements fœtaux ont été identifiés à l'échographie à J48. Le scrotum et la vulve ont été identifiés respectivement àJ51 et J53de gestation. Les os des membres (tibia, fémur, humérus, cubitus) et vertèbres sont mesurables à J54 de la gestation.Les paramètres biométriques fœtaux et fœto-maternels évoluenttrès significativement ($P \leq 0,001$) avec l'âge de la gestation. Les diamètresdu bipariétal et du cordon ombilical de même que la longueur de l'embryon ontprésenté une forte corrélation ($R \geq 0,90$) avec l'âge de la gestation tandis que le diamètre des placentômes a été moyennementcorrélé ($R = 0,61$). 92 % et 85 % des prédictions respectives des diamètres du bipariétal et du cordon mettent bas dans la fourchette de ± 14jours contre 64 % pour celles des placentômes.Toutefois, les placentômes sont fiables jusqu'à 85jours de gestation. L'aptitude de l'échographie à la détermination du sexe du fœtusin vivo a donné une sensibilité totale de 83,11 %avec une variation non significative (P ≥ 0,05)en fonction du sexe. Toutefois, elle varie (P ≤ 0,05)en fonction de la taille de la portée et du stade de la gestation. Les valeurs prédictives de la technique échographique pour la détermination des sexes mâle et femelle ont été respectivement de 85,36 % et 78,37 % avec une différence significative (P≤0,05). La sensibilité et la valeur prédictive ont varié significativement (P ≤ 0,05) en fonction de la voie d'examen chez les fœtus femelles.Les résultats obtenus compléteraientcertaines données manquantes sur l'embryologie de la chèvre. Ils constituent des éléments de repèresmajeurs pour unegestion rationnelle et optimale de la reproduction des caprins sous les tropiques.

Mots clés : gestation, chèvre du sahel, échographie, sexe, fœtus

TABLE DE MATIERES

INTRODUCTION GENERALE

En Afrique de l'Ouest, l'élevage caprin occupe une place importante dans la lutte contre la pauvreté et l'insécurité alimentaire grâce à son potentiel et à sa multifonctionnalité (Peacock, 2005). Il revêt en outre un caractère important au plan zootechnique (Missohou et *al.*, 2016) grâce à leur cycle de reproduction court, leur fertilité élevée, leur bonne fécondité et prolificité, productivité laitière moyenne (Marichatou et *al.*, 2002). En plus, ils ont des bonnes capacités d'adaptation et des comportements alimentaires les permettant de peupler (Alexandre et Mandonnet, 2005) et de rester productifs dans les milieux à fortes hostilités climatiques où les autres ruminants domestiques survivent difficilement (Boyazoglu et *al.*, 2005 ; Chukwuka et *al.*, 2010).

Sur les plans socioculturel et religieux, la chèvre reste l'animal le plus utilisé lors de certains évènements sociaux (baptême, mariage, réception d'hôte), échanges (troc, prêt, don), cérémonies coutumières (funérailles, sacrifices aux ancêtres et aux "dieux") (Gnanda, 2008) et fêtes religieuses (Tabaski, Noël, Ramadan) (Missohou et *al.*, 2016).

Au plan économique, la chèvre qualifiée de vache des pauvres, constitue une source de revenus pour les ménages, en particulier pour les femmes, à travers la vente d'animaux sur pied, du lait et de produits laitiers (Missohou et *al.*, 2004). Ces revenus permettent de faire face aux dépenses courantes notamment les frais de scolarité, les cas de maladies, l'habillement, les voyages pour les visites fraternelles.

Au plan nutritionnel, les caprins constituent une source importante d'approvisionnement en protéines d'origine animale (la viande, le lait, et autres) surtout en milieu rural (Missohou et *al.*, 2016). La viande de chèvre est plus consommée que celle des autres ruminants en Afrique de l'Ouest (Baah et *al.*, 2012). Le lait de chèvre est une alternative intéressante pour lutter contre la malnutrition (Gnanda et *al.*, 2016) grâce à ses qualités nutritionnelles et diététiques (Gnanda, 2008) et est disponible aux moments où les vaches sont taries (Koussou et Bourzat, 2012).

Malgré cette importance, l'élevage caprin a longtemps été marginalisé politiquement et scientifiquement (Lebbie, 2004) au profit des bovins et des ovins. Dans certaines zones, leur élimination avait été préconisée en les reprochant de favoriser la désertification ou la détérioration de l'environnement, d'avoir des comportements capricieux et d'être un animal d'élevage de marginalité (Bayer et *al.*, 1999). Ainsi, l'élevage caprin au Burkina est confronté à d'énormes contraintes et à des pratiques anthropiques peu améliorées constituant les principales sources de sa faible productivité. Ces pratiques tirent leur essence du système d'élevage qui est à dominance extensif (Traoré, 2010) sur lequel l'impact des innovations techniques reste mitigé (Nianogo et Somda, 1999).Plusieurs maladies telles que les parasitoses animales, les trypanosomoses, les charbons symptomatique et bactéridien, les pasteurelloses (Kaboré et *al.*, 2007; Ouattara et Dorchies, 2001) qui baissent la rentabilité de la production et constituent incontestablement certaines des contraintes majeures à l'amélioration génétique et à l'intensification de l'élevage caprin (Kaboré et *al.*, 2011).

Au plan scientifique, les principaux travaux sur les chèvres au Burkina ont concerné la caractérisation génétique (Traoré et *al.*, 2006 ; Traoré et *al.*, 2009), l'alimentation (Gnanda et *al.*, 2005 et 2008), la santé (Kaboré et al., 2007; Ouattara et Dorchies, 2001), la performance zootechnique (Gnanda et *al.*, 2008 ; Kaboré et *al.*, 2012), la production laitière (Gnanda et *al.*, 2005,2008; Ouédraogo/Lompo et *al.*, 2000), contrôle de la reproduction (Tamboura et *al.*, 1998 ; Traoré et *al.*, 2017 ; Zongo et *al.*, 2014, 2015, 2018). Toutefois, les données scientifiques sur le suivi de la gestation et l'application des biotechnologies modernes de la reproduction chez la chèvre sont très limitées ou quasiment absentes. Ainsi, l'amélioration des performances de production et de la rentabilité est réalisée à travers l'application des biotechnologies de la reproduction(Leboeuf et *al.*, 2008) qui nécessitent des outils spéciaux tels que l'échographie. De nos jours, elle est largement utilisée par les médecins, les vétérinaires et les chercheurs comme outil d'investigation en santés humaine et animale, et en production animale.

Chez les ruminants, les techniques traditionnelles de contrôle et de suivi de la reproduction consistent en la palpation abdominale ou transrectale, au constat du non-retourdes œstrus, à l'observation de l'indice de développement mammaire et aux dosages des hormones (progestérone, sulfate d'œstrone, interféron) et des protéines associées à la gestation (PAGs) (Sousa et *al.*, 2004). Ces techniques présentent cependant, des limites liées aux coûts, à la praticabilité, la rapidité et à l'efficacité des tests. De nos jours, ces méthodes sont de plus en plus abandonnées au profit des méthodes d'observation directe telles que l'échographie. Elle est utilisée à la fois pour le constat de précoce de la gestation (Karen et *al.*, 2014 ; Kouamo et *al.*, 2014), le suivi de l'activité ovarienne (Bouttier et *al.*, 2000 ; Baril et *al.*, 1999), le diagnostic de la mortalité embryonnaire et fœtale tardive (Moraes et *al.*, 2009 ; Yotov, 2012), à l'estimation de la production laitière (Fasulkov, 2012 ; Haro et *al.*, 2017), à l'estimation de l'âge de la gestation (Lee et *al.*, 2005, Waziri et *al.*, 2017 ; Yaseen, 2017), à la détermination du sexe fœtal (Santos et *al.*, 2006 ; Zongo et *al.*, 2014 ; Moraes et *al.*, 2009) et au dénombrement de fœtus (Karen et *al.*, 2014).Elle offre en plus d'autres avantages tels que la précocité, la rapidité (résultat immédiat), la haute précision, sa praticabilité tant en milieu d'élevage (en ferme) qu'en laboratoire en plus d'être non stressante et économique (Karen et *al.*, 2014).

L'adoption de cette technique dans le contrôle et le suivi de la gestation chez la chèvre du Sahel nécessite la détermination des caractéristiques du développement embryonnaire et fœtal. Dans la littérature, les informations concernant l'embryologie et organogénèse chez la chèvre sont très sommaires et portent sur des approches indirectes post-mortem (Sivachelvan et *al.*, 1996 ; Waziri et *al.*, 2012). Chez la chèvre du Sahel burkinabè, des études préliminaires sur la validation de la technique à la détermination du sexe et à l'estimation du poids fœtal *in vitro* ont été réalisées (Zongo et *al.*, 2014 et 2015) et rapportent des pistes d'explorations importantes. Aussi, les facteurs de variations de l'échographie appliquée au contrôle de la gestation sont peu connus et éparses.

Dans l'optique d'apporter aux producteurs et techniciens des indicateurs importants de contrôles de la reproduction des caprins, contribuer à améliorer la rentabilité de son élevage et les connaissances sur le développement embryonnaire et fœtal que la présente étude a été initiée. Elle a pour objectif général d'évaluer à partir de l'échographie, les caractéristiques de la gestation chez la chèvre du Sahel. Il s'agira spécifiquement de

(i)   - Déterminer la dynamique du développement embryonnaire et la croissance fœtale par échographie,

(ii)   - Evaluer l'aptitude de l'échographie appliquée *in vivo* à la détermination du sexe fœtal,

(iii) - Evaluer l'aptitude de l'échographie appliquée à la fœtométrie et à l'estimation de l'âge gestationnel.

La rédaction du présent travail s'articule en deux grandes parties : une synthèse bibliographique et l'étude expérimentale. La revue bibliographique est divisée en trois chapitres qui sont : les généralités sur l'élevage au Burkina Faso, la biologie et physiologie de la reproduction de la chèvre, les applications de l'échographie à la reproduction chez la chèvre. La partie expérimentale est divisée en quatre (4) chapitres à savoir une synthèse documentaire sur l'intérêt de l'échographie dans le contrôle de la gestation chez la chèvre, le contrôle échographique de la croissance embryonnaire et fœtale, l'estimation échographique de l'âge de la gestation, la détermination du sexe par échographie chez les caprins du Sahel.

22

PREMIERE PARTIE:

SYNTHESE BIBLIOGRAPHIQUE

CHAPITRE I : GENERALITES SUR L'ELEVAGE DES CHEVRES AU BURKINA FASO

1.1. IMPORTANCE DE L'ELEVAGE AU BURKINA FASO

1.1.1. Importance économique

L'élevage au Burkina Faso joue un rôle économique très important car il est le troisième pourvoyeur de devises du pays (MRA, 2015). En effet, le bétail sur pied constitue le troisième produit d'exportation après l'or et le coton d'une part, les produits animaux représentent 30 % des recettes d'exportation d'autre part. En outre, l'élevage contribue grandement à la lutte contre la pauvreté, surtout en milieu rural, à travers la création d'emplois et la génération de revenus substantiels. Dans les pays émergents comme le Burkina Faso, la production des caprins joue un rôle essentiel dans l'économie rurale en tant que ressource alimentaire et financière pour de nombreux petits éleveurs (Boyazoglu et al., 2005). Les caprins constituent le cheptel numériquement le plus important (13 891 000 têtes) après les poules et occupent la deuxième place à l'exportation après les ovins (MRA, 2015). Dans la zone sahélienne du Burkina, les caprins constituent la base du cheptel (91%) des éleveurs (Gnanda et al., 2016). Enfin, l'élevage caprin constitue une source de revenus pour les ménages, en particulier pour les femmes, à travers la vente d'animaux sur pied, du lait et de produits laitiers (Missohou et al., 2004).

1.1.2. Importance socio-culturelle

Depuis la domestication de la chèvre, sa présence et son imbrication dans les activités des sociétés ont été ininterrompues et d'une grande portée religieuse et culturelle (Missohou et al., 2016). Au Burkina Faso, les caprins restent encore intimement liés à la culture et sont sacrifiés pendant plusieurs événements sociaux ou religieux. En effet, la chèvre est exploitée par plus de 65,5 % des ménages du pays (MRA, 2015). Dans beaucoup de communautés burkinabè, la chèvre reste l'animal le plus utilisé dans les cérémonies sacrificielles traditionnelles (funérailles, sacrifices aux ancêtres et aux "dieux") (Gnanda, 2008) et sociales (mariages, dots, baptêmes) (Missohou et al., 2016). En outre, les boucs sont sacrifiés à la place des béliers lors de certaines fêtes religieuses comme la Tabaski dans les familles à faibles revenus. Enfin, les caprins jouent un rôle d'intégration sociale notamment dans les communautés pastorales par les échanges, les contrats de gardiennage, les prêts et les trocs (Missohou et al., 2016).

1.1.3. Importance nutritionnelle

En Afrique de l'Ouest, l'effectif des caprins est numériquement le plus important de ceux des autres espèces de ruminants. Elevée dans des écosystèmes variés, la chèvre constitue une importante source de viande et de lait pour les populations les plus démunies(Missohou et *al.*, 2016).

Au Burkina Faso, il est reconnu que l'élevage contribue directement à la sécurité alimentaire et nutritionnelle par la consommation des produits animaux (viande, lait) (MRA, 2015). La chèvre est une source non négligeable de viande, surtout en milieu rural où il est rare d'abattre les bovins (Missohou et *al.*, 2016). Dans les abattages contrôlés au Burkina Faso, les chèvres constituent l'espèce animale la plus abattue (MRA, 2015). La viande de chèvre est préférée à la consommation que celle des autres ruminants.

De nos jours, avec la modernisation de l'élevage et la demande forte en produits laitiers, l'exploitation du lait de chèvre constituerait une alternative intéressante pour lutter contre la malnutrition et d'intensification de revenus des ménages pauvres. Dans le sahel burkinabè par exemple, l'exploitation du lait de chèvre constitue le deuxième objectif de son élevage (Gnanda et *al.*, 2016). Le lait de chèvre a un grand intérêt nutritionnel et diététique (Gnanda, 2008). En effet, le lait de chèvre est très riche en vitamines (A, B1, B3, B5, B6, B12 et D), en matières grasses et en minéraux (chlore, calcium, phosphore) (Ouédraogo/Lompo et *al.*, 2000; Les, 2004; Gnanda et *al.*, 2008) qui sont très utiles pour lutter contre la malnutrition infantile (Gnanda, 2008). En outre, il présente des effets thérapeutiques chez les personnes affaiblies et allergiques au lait de vacheet affectées par des troubles gastro-intestinaux (Haenlein, 2004). Aussi, l'élevage caprin intervient dans la sécurité alimentaire grâce à la production de fumure organique qui contribue à la fertilisation des champs.

1.2. CHEPTEL CAPRIN AU BURKINA FASO

L'élevage burkinabè est caractérisé par un cheptel numériquement important et diversifié avec un système d'exploitation dominé par l'élevage extensif des polygastriques (bovins, ovins, caprins) et des monogastriques (volailles et porcs) (MRA, 2015). Les caprins occupent la deuxième place en importance numérique après les volailles (pintades, poules) avec un effectif estimé à 13 891 000 têtes en 2014 (MRA, 2015).

La répartition géographique des caprins sur le territoire varie en fonction des zones agro-climatiques. Les effectifs les plus importants de caprins sont enregistrés dans les régions du Sahel (16,8 %), du Centre-Ouest (12,1 %), de l'Est (10,6 %), du Centre-Nord (9,2 %) et du Nord (9 %) (MRA, 2015).

1.3. PRINCIPALES RACES CAPRINES ELEVEES AU BURKINA FASO

En Afrique subsaharienne, il existe en général deux grands groupes de races endémiques caprines bien que plusieurs classifications aient été proposées: chèvre du Sahel et chèvre naine ou Djallonké (Missohou et *al.*, 2016). Ces différentes races connaissent des variations morphologiques et d'appellations en fonction de leur aire de distribution géographique (Missohou et *al.*, 2006). Au Burkina, selon Traoré (2010), il existe trois (3) types ou races caprines à savoir la chèvre Djallonké, la chèvre Mossi et la chèvre Sahélienne. Ces trois races sont réparties selon les trois zones agroécologiques du pays. Cependant, cette classification nécessite une attention particulière car la race Mossi serait un hybride issu du croisement entre la race Djallonké et la Sahélienne (Traoré et *al.*, 2009).

1.3.1. Chèvre du Sahel ou Peul

La chèvre du Sahel ou chèvre de savane est rencontrée dans la bande sahélienne (allant du lac Tchad au Sénégal) et regroupe des races de type hypermétrique et longiligne (Missohou et *al.* 2016). Cette race est connue sous plusieurs appellations en fonction des zones : Peul, Touareg, Bariolée, Gorane, Peul Voltaïque, Nioro, Niafounké, Maure. Au Burkina, la chèvre sahélienne est rencontrée principalement dans la zone Sahélienne (Nord) et Nord-soudanienne (Centre et Est) (Koanda, 2005). C'est un animal rustique adapté à la chaleur et à la marche, plus prolifique que les races des zones plus humides. C'est la race caprine numériquement la plus importante du pays (MRA, 2015) et constitue la base d'activités d'élevage des ménages du Sahel (Gnanda et *al.*, 2016).

Les chèvres du Sahel ont des longues pattes et des grandes oreilles tombantes (figure 1). En général, la chèvre du Sahel présente des caractéristiques morpho-biométriques (HG, PT, PV) supérieures à la race Djallonké (Traoré, 2010). En effet, la hauteur au garrot (HG) varie entre 65 et 95 cm avec un poids vif (PV) moyen variant entre 31 et 38 kg (Molélé, 2011). La tête est petite et son chanfrein est rectiligne. Le poil est ras, les barbiches et les pendeloques sont fréquentes, le bouc a une crinière s'étendant jusqu'à la croupe.

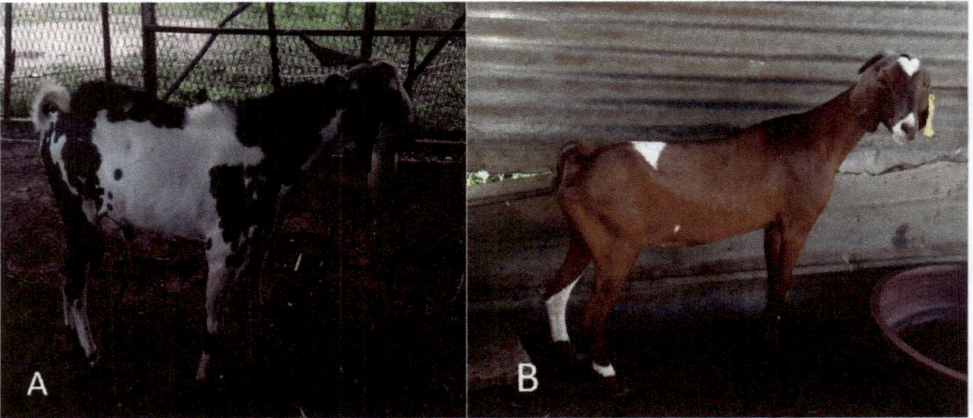

Source : Photo TRAORE (2019)

Figure 1 : Chevrette du Sahel (B) et d'un bouc du Sahel (A)

1.3.2. Chèvre naine

La chèvre naine/Djallonké est une race de chèvre occupant toute la région en dessous du quinzième parallèle nord (Geye, 1997). Ce sont des chèvres des zones humides où la pluviométrie peut atteindre 1000mm/an. Elles ont des appellations variant en fonction des pays : chèvre de Guinée, de Kirdi, de Kirdimi, de Mayo-Kebi, chèvre naine des herbages, chèvre naine de Côte d'Ivoire, chèvre naine de la forêt ghanéenne, chèvre de Casamance. Les animaux de cette race sont de type ellipso-métrique et bréviligne (Missohou et *al.* 2016). Ce sont des animaux de petits formats, trapus et des oreilles courtes (figure 2). Leur hauteur au garrot (HG) variant entre 35 et 50 cmet de poids vif variant entre 15 et 30kg (Molélé, 2011). Au Burkina Faso, cette race est rencontrée principalement dans le Sud ou zone Soudanienne du pays (Traoré et *al.*, 2009). C'est une race prolifique et résistante aux trypanosomoses (Koanda, 2005).

Figure 2 : Une Chèvre Djallonké. **Source** : (Traoré, 2008)

1.3.3. Autres races caprines

En dehors des chèvres Djallonké et Sahéliennes en Afrique de l'ouest, il existe d'autres races caprines intermédiaires. Au Burkina Faso, il y a la chèvre Mossi dont l'aire de prédilection est la zone Soudano-sahélienne. Selon Traoré et *al.* (2009), la chèvre Mossi n'est pas une race caprine entière mais un hybride ou une transition entre la race Djallonké et Sahélienne (Figure 3). Elle présente des caractéristiques morpho-biométriques intermédiaires entre les deux races (Djallonké et Sahélienne). Une chèvre Mossi adulte a un poids vif compris entre 15 et 25kg, et une hauteur au garrot de 43 et 58 cm (Traoré et *al.,* 2006). Cette race est caractérisée par la présence d'oreilles courtes et dressées, des barbiches et cornes dans les deux sexes (Traoré et *al.*, 2006).

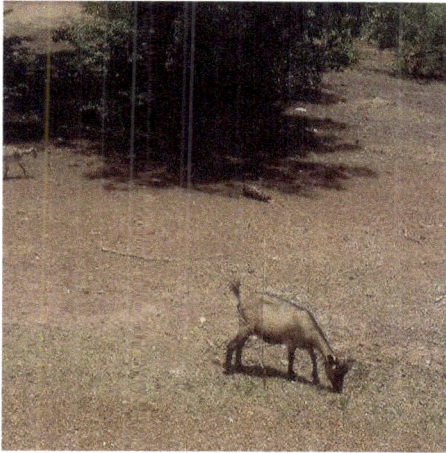

Figure 3 : Une chèvre Mossi. **Source** : (TRAORE, 2019)

Aussi, il existe la chèvre rousse de Maradi qui est un type génétique d'originaire du Niger et du Nigéria. Les animaux de ce type sont difficilement classifiables dans les deux groupes car présentant des caractéristiques assez différentes (tailles petites et moyennes) (Missohou et *al.*, 2016). Le poids vif adulte varie entre 25 et 35 kg(Koanda, 2005). Elle présente des sous-types qui sont le Kano brun, Bornou blanc et Mambila. Cette race prend son nom de la couleur dominante de son pelage qui la rousse.

1.4. Classification et Origines des caprins

Les caprins appartiennent à l'ordre des Artiodactyles, au sous ordre des Ruminants, à la famille des Bovidés, sous-famille des Caprinés et à la tribu des Caprini (Gueye, 1997). Cette tribu regroupe les genres *Capra, Hemitragus, Ovis,*

Ammortragus et Pseudois. Le genre *Capra* regroupe les ancêtres des ressources caprines domestiques actuelles. La chèvre serait le premier ruminant qui a été domestiqué par l'homme il y a plus de 10 000 ans avant J.C. De nos jours, *Capra aegagrus* est la principale espèce domestique avec plusieurs races. En Afrique subsaharienne, on rencontre deux grands groupes de caprins qui se distinguent les uns des autres par leur morphologie (robe, cornage, longueur oreille, port d'oreille, barbiches, etc): la chèvre naine au Sud du pays et la chèvre du Sahel, dans la partie médiane et septentrionale.

1.5. PERFORMANCES ZOOTECHNIQUES

1.5.1. Paramètres de reproduction

1.5.1.1. Puberté et âge à la première mise bas

L'âge à la puberté (définie comme la détection du premier œstrus chez la femelle et la première saillie chez le mâle) est très variable et dépend du type génétique des animaux et du système d'élevage (Djakba, 2007). Chez les chèvres du Sahel, la puberté apparaît en général entre 8 et 14 mois. En élevage contrôlé où l'alimentation et la santé sont bien suivies, elle apparait plus précocement (6 mois) qu'en milieu traditionnel. En effet, l'alimentation détermine la vitesse de la croissance et pourtant la puberté ne survient chez la chèvre qu'à 40 et 60 % du poids adulte (Baril et *al.*, 1993).

L'âge à la première mise bas est en moyenne de 15,3 mois et varie de 12,1 à 18,5 mois chez la chèvre en Afrique Subsaharienne (Missohou et *al.*, 2016). Toutefois, il varie entre 10 et 14 mois avec une moyenne de 13,68 ± 2,91 mois chez la chèvre rousse de Maradi (Marichatou et *al.*, 2002), entre 11 et 18 mois avec une moyenne de 17,2 mois chez la chèvre du Sahel. Concernant les facteurs de variation de l'âge à la première mise bas, Clément et *al.* (1997) ont montré que la chèvre naine est plus précoce que la chèvre du sahel. Dans les zones sahéliennes, les femelles atteignant leur puberté en saison sèche chaude ont leur âge à la première mise bas augmenté comparativement à celles d'hivernage.

1.5.1.2. Distribution des naissances

Les caprins en Afrique Subsaharienne peuvent se reproduire toute l'année, mais avec de légers pics à certaines périodes de l'année. Dans les zones à pluviométrie abondante, il n'existe pas de saisonnalité dans la reproduction contrairement aux zones très arides où l'anœstrus saisonnier est plus marqué (Missohou et *al.*, 2016). Chez les chèvres naines, la distribution des naissances présente deux pics, entre mars et mai d'une part et de septembre à novembre d'autre part (Clément et *al.*, 1997). Chez les chèvres Sahéliennes, les conceptions ont principalement lieu en fin de saison de pluie et pendant la saison sèche froide avec des pics de mise bas en octobre-novembre et en février-mars (Youssouf et *al.*, 2014).

1.5.1.3. Poids des chevreaux à la naissance et vitesse de croissance

Le poids des chevreaux à la naissance varie de 1,8 à 2,5 kg chez la chèvre du Sahel (Zongo et *al.*, 2015). Il existe des différences individuelles considérables compte tenu de plusieurs facteurs tels que la race, la taille de la portée, la parité (Missohou et *al.*, 2016). Il ressort de plusieurs études que les mâles sont toujours plus lourds que les femelles (Djakba, 2007). Les produits issus de portées simples sont toujours plus lourds que ceux issus de portées multiples. Les chevreaux nains ont un poids à la naissance plus faible que celui des sahéliens. Enfin, les multipares ont des petits plus lourds que les primipares.

La vitesse de la croissance est appréciée généralement par le suivi du poids des jeunes en croissance. Les Gains Moyens Quotidiens (GMQ) pré-sevrage est de 36,8–50,7g chez la chèvre de race sahélienne au BurkinaFaso(Gnanda et *al.*, 2005). Cependant, ils varient entre 30 et 66g en régime de complémentation(Gnanda, 2008). D'une manière générale,les GMQ pré-sevrage et post-sevrage sont faibles (inférieurs à 50g) chez les chèvres en Afrique subsaharienne(Missohou et *al.*, 2016). De grandes variations individuelles et raciales existent au niveau du rythme de la croissance des chevreaux. Les chèvres naines présentent un GMQ plus faible. En dehors, de cet impact racial, l'alimentation constitue le facteur prépondérant (Gnanda et *al.*, 2005 ; Youssouf et *al.*, 2014). En effet, Djakba (2007)amontré qu'une bonne alimentation de la mère améliore la croissance des chevreaux surtout si elle débute bien avant la mise-bas. Aussi, le sexe influence la croissance des petits. Selon Koussou et Bourzat (2012), les chevreaux présentent une croissance plus rapide que les chevrettes indépendamment de la saison de mise bas et du stade de lactation.

1.5.1.4. Intervalle entre mise bas, prolificité et fécondité

Les caprins présentent des caractéristiques de reproduction intéressantes même en dehors de toute gestion de la reproduction.

✓ Intervalle entre mise bas

Il est en moyenne de 295,8 jours (environ 10 mois) etprésente de fortes variations en fonction des situations étudiées avec un minimum de 228 jours (7 mois et demi) et un maximum de 410,4 jours (14 mois environ)(Marichatou et *al.*, 2002). Il varie en fonction de la race, des zones, de l'alimentation, de l'allaitement,dela gestion de la reproduction. Les races des zones humides ont un intervalle entre les mises bas successives plus court que les races des zones arides (sahéliennes) (Missohou et *al.*,

2016). Après les parturitions, les œstrus reviennent en moyenne 35 jours. Toutefois, ce retour intervient plus précocement chez les femelles ayant avorté ou perdu leur petit avant le 15ème jour d'âge (Zongo et al., 2015).

✓ **Prolificité**

Chez les caprins d'Afrique de l'Ouest, la taille moyenne de la portée est de 1,46 chevreau (Missohou et al., 2016). Les principaux facteurs de variation sont la génétique, la parité, l'âge de la mère, le mode de fertilisation (insémination artificielle) et la saison de fertilisation (Djakba et al., 2007; Missohou et al., 2016). Les chèvres de race sahélienne sont moins prolifiques (entre 1,17 et 1,36 chevreau) par rapport aux races naines (entre 1,69 et 1,85 chevreau)(Odubote, 1996). La prolificitéaugmente avec la parité et l'âge. On observe également une influence saisonnière due à la disponibilité alimentaire pendant la période de conception. Les mises-bas de la saison sèche chaude ont des portées nombreuses. De même, l'insémination artificielle améliore mieux la prolificité que la saillie naturelle (Djakba, 2007).

✓ **Fertilité**

Elle varie entre 70 et 125 % chez la chèvre du sahel. Elle est de 70,3 % chez la race sahélienne au Burkina (Gnanda, 2008), entre 83 et 110 % au Sénégal et 114 % au Tchad (Djakba, 2007).

1.5.1.5. Taux de mortalité et avortement

En Afrique Subsaharienne, la mortalité et les avortements constituent les causes majeures de la faible productivité des caprins. La mortalité pré-sevrage présente une forte variation (7 à 65,6 %) en relation avec les nombreux facteurs d'influence tels que l'âge à la première mise bas de la femelle, les chevreaux ayant issus de mères trop jeunes étant moins viables (Missohou et al., 2016). Le type de naissance intervient également, la viabilité des chevreaux nés simples étant nettement supérieure à celle des chevreaux nés multiples, en particulier des triplets et des quadruplets (Turkson et al., 2004). Selon ces auteurs, la mortalité augmente avec celle de la taille de la portée à cause du faible poids à la naissance des portées multiples. La saison de mise bas influence la mortalité des chèvres à deux niveaux, alimentaire et sanitaire. Elle est grande chez les chevreaux nés pendant la saison sèche due au déficit qualitatif et quantitatif des pâturages causant la baisse de la production laitière des mères. Au cours de la saison des pluies, la mortalité parfois élevée des chevreaux pourrait être due au développement des endoparasites (Turkson et al., 2004). Quant au taux d'avortement, il est en moyenne 14,6 % variant entre 8 et 37,5 % chez la chèvre du sahel au Burkina (Gnanda et al., 2009) et au Sénégal

(Djakba, 2007). Selon ces auteurs, l'alimentation constitue le facteur prépondérant de l'avortement car il intervient généralement lorsque les femelles sont plus exposées à un stress alimentaire (pâturage devenu insuffisant et complémentation irrégulière).

1.5.2. Aptitude laitière

Au Burkina, la chèvre du sahel présente des aptitudes laitières intéressantes. Cette race nettement appréciée pour sa résistance et sa rusticité est aussi bien prisée pour son aptitude laitière. La lactation chez la chèvre du Sahel a une durée moyenne de 124jours variant de 28 à 287 jours et est plus longue chez les portées multiples que simples (Koussou et Bourzat, 2012). La quantité de lait produite quotidiennement est de 200ml en moyenne variant entre 0,088 et 1,1L (Missohou et al.,2016). Elle est de 197–358 g/jour au Burkina, 274 ml/jour au Tchad et de 223–243 ml/jour au Sénégal chez la même race. De nombreuses études ont rapporté l'influence de plusieurs facteurs sur la production laitière tels que la parité, la race, l'alimentation et la saison de mise bas. Les multipares ont une production laitière supérieure aux primipares (Gnanda et al., 1998 ; Ouédraogo/Lompo et al., 2000; Missohou et al. 2004). Les mises-bas hivernales conduisent à une production laitière plus élevée comparativement à celles de la saison sèche. Toutefois, cette tendance de la saison s'inverse dans les zones où les animaux reçoivent une complémentation alimentaire au cours de la saison sèche (Missohou et al., 2004;Gnanda et al., 2005).

1.5.3. Aptitude bouchère ou viandeuse et peaux

Les caprins malgré leur poids vif faible comparativement aux ovins, présentent des aptitudes bouchères intéressantes. En Afrique Sub-saharienne, la chèvre représente l'animal le plus utilisé en boucherie à cause de la saveur et de la tendresse de sa viande d'une part (Molélé, 2011) et d'autre part de son rendement à l'abattage (Missohou et al., 2016). En effet, le rendement à l'abattage varie autour de 42–48 % chez la chèvre du Sahel au Burkina. En outre, la peau de la chèvre est beaucoup appréciée en maroquinerie. La chèvre n'est pas seulement élevée pour sa viande mais aussi pour sa peau. Les peaux des caprins sont très sollicitées par les industries de maroquinerie à cause de leur résistance et leur élasticité et de leur structure fibreuse un peu particulière. Elles sont très utilisées dans la cordonnerie et la ganterie, pour fabriquer les objets d'art (chaussure, tam-tam, ceinture et sac) ou bien comme un moyen pour rafraîchir de l'eau lorsqu'elle est entourée autour d'un pot (Missohou et al., 2006). La peau parée pèse en moyenne 400 - 410 g, variant de 250 g (extra légère) à 625 g (lourde) chez la chèvre rousse de Maradi (Missohou et al., 2016).

1.6. CONTRAINTES DE L'ELEVAGE DES CAPRINS

1.6.1. Contraintes alimentaires et d'abreuvement

La précarité de l'alimentation pour bétail au Burkina constitue une cause non négligeable de la faiblesse de la productivité animale. Cette situation est favorisée par le mode d'exploitation dominant qui est le système pastoral. Dans ce système, l'alimentation des animaux est strictement dépendante des ressources naturelles. De nos jours, les pâturages naturels des zones sahéliennes et nord soudaniennes offrent un bilan fourrager quantitativement et qualitativement déficitaire (MRA, 2015). Qualitativement, les fourrages des pâturages naturels en saison sèche sont pauvres en éléments nutritifs de base tels que les minéraux et l'azote (Gnanda et *al.*, 2005). Au plan quantitatif, cette situation est imputable à la faible productivité des pâturages naturels, la réduction des parcours et des espaces pâturables. En outre, la faible valorisation des sous-produits agricoles, la faible pratique des cultures fourragères sont autant de causes qui tonifient les problèmes alimentaires et nutritionnels du cheptel. Enfin, l'abreuvement du cheptel, constitue une préoccupation importante notamment en saison sèche. Les points d'abreuvement du cheptel sont quasiment insuffisants et connaissent un tarissement précoce au fil des années (MRA, 2015).

1.6.2. Contraintes sanitaires

Au Burkina Faso, l'élevage des petits ruminants est confronté à des contraintes sanitaires qui baissent leur productivité et leur rentabilité. En effet, la situation épidémiologique connaît la persistance des grandes épizooties déstabilisatrices telles que les trypanosomoses, les charbons symptomatique et bactérien, les pasteurelloses et les parasitoses animales (Kaboré et *al.*, 2007; Ouattara et Dorchies, 2001). Les maladies animales engendrent des pertes directes dues à la mortalité et des effets indirects en causant une baisse de croissance, une fertilité faible, une réduction du rendement du travail due à la morbidité. Aussi, ces pathologies constituent l'une des causes de la forte mortalité (Missohou et *al.*, 2016) et incontestablement l'une des contraintes majeures à l'amélioration génétique et à l'intensification de l'élevage caprin (Kaboré et *al.*, 2011).

1.6.3. Contraintes génétiques

Au Burkina Faso, l'insuffisance des connaissances et la faible valorisation du potentiel génétique des races locales limitent leur performance de production (Traoré, 2010). Cette faible productivité est imputable à l'absence de programme d'amélioration génétique avec des objectifs précis et d'un schéma raisonné de sélection massale(MRA, 2010). Tout cela concourt à inhiber une extériorisation optimale des caractères recherchés chez les races locales. Aussi, il n'existe pas de cadres techniques et réglementaires sur l'introduction de gènes exotiques afin de préserver les ressources zoo-génétiques et de mieux valoriser les scuches présentant des intérêts techniques et économiqles avérés.

1.6.4. Contraintes économiques et politiques

L'élevage burkinabè subit d'énormes contraintes économiques malgré sa part contributive importante à l'économie nationale (18 % au PIB, 26 % des exportations totales). Cette situation est due à plusieurs causes. Le sous-secteur de l'élevage bénéficie d'une très faible part des investissements publics (5,2 % des investissements du secteur agricole et de 1,13 % des dépenses de l'état)(MRA, 2010). En outre, l'insuffisance des unités de transformation des produits d'origines animales (lait, cuir, peau, viande) constitue une difficulté majeure à la rentabilité économique de l'élevage. Enfin, il y a un faible engouement à l'entreprenariat dans le domaine des productions animales constituant un frein à l'intensification de l'élevage.

Au plan politique, les contraintes sont diverses. L'insécurité foncière impacte négativement les modes d'élevage extensif et semi-intensif en réduisant les aires pâturables et en augmentant les conflits sociaux. Aussi, le faible niveau d'organisation et de technicité des acteurs, l'analphabétisme, l'inégalitéliées au genreet la non application des textes constituent des entraves ncn négligeables au développement de l'élevage (MRA, 2010; MASA/CEFCOD,2013).

1.6.5. Contraintes climatiques

Le Burkina Faso, à l'instar des pays sahéliens n'est pas à l'abri des effets néfastes des changements climatiques. Ces changements sont caractérisés par la hausse de la température, la diminution et la mauvaise répartition des précipitations dans le temps et dans l'espace se traduisant par la dégradation des pâturages, un déficit du bilan pastoral et alimentaire, et une aggravation des conditions d'abreuvement du bétail(MRA, 2010). Il en résulte une baisse de la productivité animale et un déficit d'approvisionnement en produits animaux (Zongo, 2015).

36

CHAPITRE II : BIOLOGIE ET PHYSIOLOGIE DE LA REPRODUCTION DE LA CHEVRE

2.1. ANATOMIE DE L'APPAREIL REPRODUCTEUR DE LA CHEVRE

2.1.1. Anatomie descriptive

Les caprins sont un groupe de ruminants domestiques avec un dimorphisme sexuel bien marqué. Le mâle adulte est appelé bouc et la femelle adulte est nommée chèvre. L'appareil reproducteur femelle est constitué des différents organes reproducteurs ci-après : les ovaires, les oviductes, l'utérus, le cervix, le vagin et la vulve. Il mesure en moyenne 30,3 cm chez la femelle adulte. Contrairement à l'appareil reproducteur du bouc, celui de la chèvre est en grande partie interne et situé dans la cavité abdominale. Les organes suscités s'organisent de l'extérieur vers l'intérieur, avec leurs caractéristiques morpho-biométriques, comme suit (Beduin et al., 2007 ; Ngona et al., 2012) :

- la vulve située sous l'anus comporte l'orifice vulvaire protégé par les grandes et petites lèvres,

- le clitoris est un petit organe situé à la commissure ventrale des lèvres ;

-le vagin de longueur moyenne 6,2 ± 1,2 cm (4,1 - 9,4 cm) prolonge la vulve et est constitué de parois musculeuses, épaisses et très dilatables ;

-un col utérin ou cervix sépare l'utérus du vagin et isole ainsi en permanence la cavité utérine de la cavité vaginale. Il est constitué d'une cavité très étroite (canal cervical) entourée d'une paroi très épaisse et compacte avec plusieurs stries. Le col utérin a une longueur moyenne de 3,3 ± 0,9 cm (1,0-6,2 cm) (Ngona et al., 2012) ;

- l'utérus est l'organe de la gestation et est situé à la suite du col de l'utérus. Il estcomposé du corps de l'utérus et de deux cornes (bicornué) utérines. Le corps de l'utérus est la partie basale de l'utérus où les 2 cornes utérines sont fusionnées grâce à la commissure inter-cornuale sur environ 5,3 ± 1,45 cm (1,6-9,7 cm) de long. Chez la femelle adulte, les cornes mesurent 15 ± 3,2 cm en moyenne variant entre 6,1 - 23,4 cm. La face interne de l'utérus des ruminants porte des excroissances discoïdes ou ellipsoïdes de couleur jaunâtre et non glandulaires appelées les caroncules ;

- deux oviductes qui constituent la partie initiale des voies génitales de la femelle. Les oviductes sont deux organes tubulaires contournés et relativement longs (environ 20cm) reliant l'utérus aux ovaires.

Chaque oviducte comprend le pavillon ou infundibulum (qui coiffe l'ovaire et capte les ovocytes émis au moment de l'ovulation), l'ampoule (site de la fécondation) et l'isthme (long conduit étroit aux parois musculeuses assurant le transfert des œufs vers l'utérus).

- les ovaires au nombre de deux, ont une forme en amande, leur poids varie de 1,1 ± 0,52 [600mg –2g] et de diamètre comprit entre 1,1 à 2 cm en fonction du stade physiologique de l'animal. De même, les ovaires portent des follicules et/ou corps jaune en fonction du stade du cycle sexuel.

2.1.2. Anatomie topographique

Au plan topographique, l'appareil génital de la chèvre est situé dans la cavité abdominale plus précisément en-dessous du tube digestif (Baril et *al.*, 1993). L'appareil génital est pendu dans la cavité abdominale par le ligament suspenseur qui se divise en 3 parties : le mésovarium, le mesosalpynx et le mésometrium. Le mésovarium retient les ovaires, le mésosalpynx qui est une membrane qui entoure les oviductes et le mesometrium ou ligament large qui rattache les cornes utérines au cervix (Baril et *al.*, 1993). La partie externe de l'appareil génital de la chèvre est la vulve qui est située sous l'anus. Elle se prolonge par un tube mou appelé vagin où est relié la vessie et se termine par le col utérin. Le col utérin ou cervix se prolonge par l'utérus qui se ramifie en deux canaux tubulaires appelés cornes utérines. Les cornes se prolongent par les oviductes au bout desquels se trouvent des structures sous formes d'amandes appelées ovaires ((Ngona et *al.*, 2012) (Figure 4)

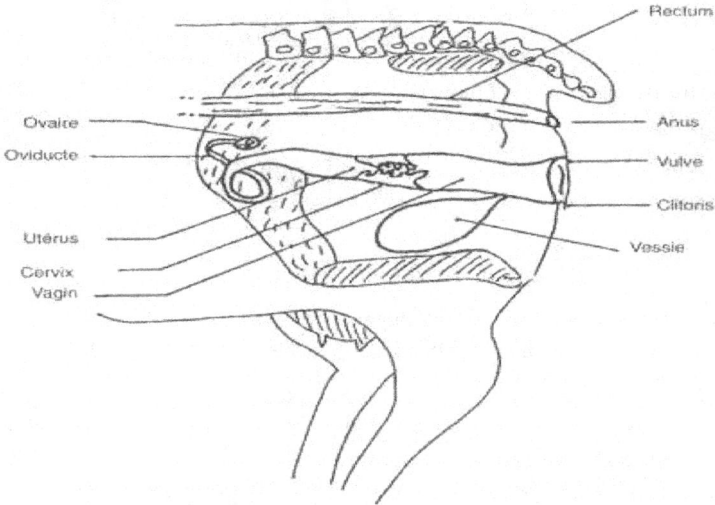

Source : (Baril et *al.*, 1993)
Figure 4 : Anatomie topographique de l'appareil reproducteur de la chèvre

2.2. CYCLE SEXUEL ET REGULATION

2.2.1. Cycle œstral

La fonction de reproduction chez la chèvre tout comme chez les femelles des autres mammifères domestiques s'installe à la puberté et présente une activité cyclique régulière qui s'interrompt pendant la gestation. Le cycle œstral ou cycle sexuel est l'ensemble des phénomènes caractérisés par les modifications hormonales, cellulaires et comportementales qui commencent à la puberté et se répètent cycliquement durant la vie sexuelle de la femelle(Zarrouk et *al.*,2001). Classiquement, le cycle sexuel se compose de deux phases (folliculaire et lutéale) séparées par l'ovulation.

-La **phase folliculaire** correspond à la phase de croissance folliculaire et peut être subdivisée en deux sous-phases : pro-œstrus et œstrus.

* Le pro-œstrus est la phase de croissance accélérée et de maturation finale d'un ou de plusieurs follicules ovariens au stade secondaire(Zarrouk et *al.*, 2001). Il dure 2 à 3 jours chez la chèvre. Ces follicules entrent en croissance par vagues au nombre de 3 à 4 et chacune d'elle dure 3-4 jours d'intervalle par cycle œstral. En outre, cette croissance folliculaire s'accompagne d'un ensemble de modifications anatomiques au niveau du vagin, de l'utérus et des oviductes.

* Quant à l'œstrus, il correspond à la période où la femelle accepte le chevauchement par le mâle ou par ses congénères. C'est au cours de cette phase que se produit la déhiscence du follicule mûr ou la ponte ovulaire. Il s'accompagne d'un certain nombre de modifications comportementales ou signes de chaleurs. Chez la chèvre, l'œstrus est caractérisé par l'acceptation des mâles, une agitation de la queue, une baisse de l'appétit, des bêlements, une diminution de la production lactée, une vulve œdématiée, une sécrétion de mucus vaginal ou glaire (Fabre-nys, 2000 ; Zarrouk et *al.*, 2001). Chez la chèvre Mossi au Burkina Faso, l'œstrus dure entre 18 et 72 heures au cours duquel l'ovulation se produit 24 à 36 heures après son début (Tamboura et *al.*, 1998). L'ovulation permet la libération d'un ou plusieurs ovules.

-La **phase lutéale** est la période au cours de laquelle le corps jaune mis en place se développe et dégénère en absence de gestation. Elle dure en moyenne 16 jours (15-18) chez la chèvre. Cette phase se divise en deux sous-phases telles que métaœstruset le diœstrus.

*Lemétaœstrus encore appelé post-œstrus correspond à la phase anabolique du corps jaune et débute à l'ovulation. C'est la phase de formation et de croissance du ou des corps jaunes à partir des follicules ayant ovulé (Harouna, 2014). Chez les mammifères, le métaœstrusdure en moyenne deux (2) à trois (3) jours et peut parfois atteindre sept (7) jours chez les ruminants.

* Quant au diœstrus, c'est la période correspondant au repos sexuel caractérisé par un état stationnaire des ovaires. En effet, le corps jaune formé est actif quatre (4)

jours après sa mise en place et a une durée de vie variant entre 5 à 15 jours (Gayrard, 2007). Au cours dudiœstrus, le corps jaune est stationnaire et régresse par la suite sous l'action de la prostaglandine (PGF2 alpha) utérine sur le corps jaune (Zarrouk et al., 2001).

2.2.2. Endocrinologie du cycle sexuel de la chèvre

La cyclicité de l'activité sexuelle mise en place chez l'animal depuis la puberté est sous le contrôle endocrinien du complexe hypothalamo-hypophysaire. La puberté définie au plan physiologique correspond à la mise en activité des gonadotrophines hypophysaires.

En effet, la puberté est caractérisée par la sécrétion de LH et de FSH agissant sur les gonades pour la maturation des gamètes(Zarrouk et al., 2001). Les gonades à leur tour produisent des hormones stéroïdiennes (œstrogènes et progestérone) qui sont à l'origine des modifications anatomiques de l'appareil génital et glandes annexes et comportementales, toutes caractéristiques du cycle sexuel. Le fonctionnement sexuel de la femelle est régi par un processus d'autorégulation entre le complexe hypothalamo-hypophysaire et les ovaires (figure5)(Mani, 2009).

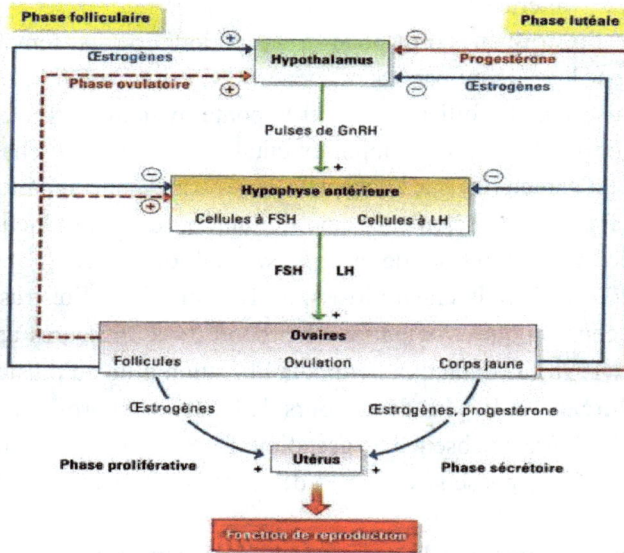

Figure5:Régulation hormonale du cycle œstral.
Source :www.passport.univ-lille1.fr

* Régulation hormonale de la phase folliculaire

En début de cycle sexuel (pro-œstrus), l'hypothalamus produit une quantité importante de GnRH qui stimule l'hypophyse antérieure à libérer de la FSH de façon pulsatile. La FSH stimule la croissance et la maturation folliculaire qui augmente de volume en accumulant du liquide. La thèque interne du follicule en maturation sécrète de l'œstradiol qui stimule par rétrocontrôle la sécrétion de GnRH ce qui augmente la sécrétion hypophysaire de gonadotrophines (FSH et LH) et d'œstradiol au niveau de la thèque interne du follicule. La libération importante de l'œstradiol déclenche le comportement d'œstrus chez la chèvre et un pic pré-ovulatoire de LH à l'origine de l'ovulation (Tamboura et *al.*, 1998). Les pics pré-ovulatoires de gonadotrophines arrêtent la sécrétion importante d'œstradiol. Les ovulations ont lieu 24h après l'apparition des pics pré-ovulatoires de LH (Baril et *al.*, 2000) ainsi marquant le début de la phase lutéale.

* Régulation hormonale de la phase lutéale

Après l'ovulation, plus précisément au cours du méta-œstrus, le restant du follicule ayant libéré l'ovule se transforme en corps jaune. En effet, l'antrum du follicule se remplit de sang et sous l'action de la LH, les cellules de la thèque et de la granulosa prolifèrent et s'invaginent pour donner le corps jaune. Le corps jaune sécrète la progestérone mais aussi l'œstradiol. La progestérone agit sur l'hypothalamus par un rétrocontrôle négatif en freinant la libération de l'œstradiol par la baisse de la sécrétion de la FSH et de la LH au niveau de l'hypophyse. Pendant la phase lutéale la croissance folliculaire continue et l'ovulation est inhibée par la progestérone (Baril et *al.*, 1993). Au cours du diœstrus, la régression du corps jaune entraine une diminution de la sécrétion ovarienne de progestérone et d'œstradiol. Chez la chèvre, vers le 16 et 17ème jour du cycle œstral, les prostaglandines d'origine utérine sont produites et acheminées par la veine utéro-ovarienne à l'artère ovarique, provoquent la lutéolyse (Zarrouk et *al.,* 2001). La chute du taux plasmatique de la progestérone suite à la lutéolyse lève son inhibition sur l'hypothalamus et la production de GnRH reprend pour mettre un nouveau cycle œstral en route. En somme, la progestérone joue un effet modulateur de l'activité sexuelle (Fabre-nys, 2000) car à un taux élevé en présence d'œstradiol annule l'effet stimulateur de ce dernier sur l'hypothalamus.

2.3. PHYSIOLOGIE DE LA GESTATION

La gestation est établie et maintenue grâce aux interactions entre le conceptus (embryon et enveloppes), l'utérus et le corps jaune ovarien (Zarrouk et *al.,*2001). Ces interactions contribuent à prévenir la lutéolyse suite à la libération épisodique de la prostaglandine F2α utérine. En effet, la fonctionnalité du corps jaune est maintenue grâce au signal de reconnaissance qui est la trophoblastine, une protéine sécrétée par le trophoblaste chez la chèvre du 14 au 17ème jour de gestation. Elle inhibe la sécrétion pulsatile de la PGF2α et la transcription du récepteur de l'ocytocine

(Zarrouk et *al.*, 2001). Le corps jaune joue un rôle prépondérant au cours de la gestation chez la chèvre car il est le seul producteur de progestérone.

2.3.1. Principales étapes du développement embryonnaire et fœtal chez la chèvre

La gestation est le développement de l'œuf depuis la fécondation jusqu'à la parturition. La croissance prénatale ou intra-utérine chez les ruminants se déroule en trois grandes périodes réparties ainsi que suit : la période de l'œuf, la période embryonnaire et la période fœtale (allant du 35ème jour jusqu'à la parturition et est marquée par le développement et la croissance des différents organes mis en place).

-**Période de l'œuf ou de vie libre** : Elle va de la fécondation jusqu'à l'attachement du blastocyste à l'endothélium utérin vers le 10ème jour de la gestation. La cellule œuf issue de la fécondation entame des divisions successives et très rapidement pour atteindre 64 cellules (stade morula) au bout de 4 à 5 jours post-fécondation. La morula évolue rapidement par des modifications de forme et se creuse d'une cavité blastocœléenne pour donner le blastocyste vers le 6 et 7^{ème}jour. A ce stade, le blastocyste de forme sphérique est recouvert d'une zone pellucide et creusé d'une cavité centrale, le blastocœle. Le blastocœle est entouré par une assise de cellules appelée trophoblaste sous lequel se trouve le disque embryonnaire. Vers le 9 et 10^{ème}jour de la gestation, la zone pellucide cède et le blastocyste entre dans une période de croissance considérable. Durant cette phase de vie libre, l'œuf migre de la trompe vers l'utérus où aura lieu son implantation. La chronologie de ces différents événements pendant le développement embryonnaire précoce chez la chèvre est résumée dans le tableau I.

-**Période embryonnaire** (10ème au 35ème jour) :Elle est marquée par l'organogénèse. A ce stade le disque embryonnaire formé entre en croissance rapide. Cette croissance permet au blastocyste de prendre une forme allongée favorisant d'une part le contact entre le trophoblaste et l'épithélium utérin, et d'autre part l'implantation de l'embryon vers le 16 et 19ème jour. Après la vie libre de l'embryon dans la cavité utérine, le blastocyste se fixe sur l'endomètre utérin et s'y implante plus ou moins profondément. C'est un processus long qui se déroule en une succession d'étapes caractérisées par des degrés divers de contact entre les tissus maternel et fœtal, l'orientation du blastocyste et son accolement, l'apposition du blastocyste éclos à la muqueuse utérine, l'adhérence des cellules du trophectoderme aux cellules de la muqueuse utérine et l'invasion de l'endomètre. Au début du processus d'implantation, en fonction de l'espèce, les microvillosités cellulaires vont établir les premiers contacts avec l'épithélium maternel. L'étape d'adhérence des membranes représente la phase ultime du processus implantatoire chez les espèces à placentation épithélio-choriale comme la chèvre (Ayad et *al.*, 2006). L'embryon, après son implantation, entame un processus de développement rapide aboutissant à la formation du placenta et des différentes enveloppes fœtales (chorion, amnios et allantoïde) autour du 30 et 35ème jour de gestation. En outre, chez les petits ruminants, l'organogénèse prend fin vers le 35 et 42ème jour de gestation marquant ainsi le début de la vie fœtale.

-**Période fœtale:** C'est la période de croissance du fœtus située entre l'organogénèse et la mise-bas.

Après la constitution du placenta et la mise place des différents organes, le fœtus entre dans une phase de développement qui aboutira à une différenciation spécifique des organes et leur fonctionnement grâce aux échanges fœto-maternels. Chez les petits ruminants, la chronologie du développement fœtal consiste en la fermeture de la cavité abdominale et des paupières, l'apparition du tubercule génital chez la femelle et du fourreau chez le mâle, de la tête, du cortex cérébral, des segments des pattes, la différentiation de la bouche, du nez, des doigts et du sabot (Waziri et *al.*, 2012). La chronologie du développement fœtal chez les ovins et caprins a été rapporté par Sivachelvan et *al.*(1996) et complété par Waziri et *al.* (2012) (tableaux I et II).

Tableau I : Chronologie du développement des fœtus de caprins entre la 5ème et 10ème Semaine

Stade de gestation (semaines)	Développement des organes
Fin du stade embryonnaire (5-6)	Fermeture de la cavité abdominale ; tubercule génital chez la femelle et le fourreau chez le mâle, calvarium (voûte crânienne) mou et membraneux, cortex cérébral visible, segments des pattes sont apparents, différenciation de la bouche, nez, doigts et sabot
6-7	Sac scrotal vide chez le mâle et bouton mammaire chez la femelle ; calvarium en partie pliable, veine jugulaire apparente à travers le tégument
7-8	Paupières fermés et canal auriculaire ouvert, fontanelle antérieure
8-9	Veine jugulaire externe, veine faciale et vaisseaux scrotaux apparents, narines ouvertes
9-10	Contenu scrotal palpable, oblitération de la fontanelle antérieure, proéminence des os dans le calvarium.

Source : Sivachelvan et *al.* (1996) ; Waziri et *al.*(2012)

Tableau II : Chronologie du développement des fœtus de caprins entre la 10ème et 22ème Semaine

Stade de gestation (semaines)	Développement des organes

10–11	Apparition de poils sur les paupières des caprins
11–12	Veine jugulaire externe, veines scrotale et faciale placées en profondeur et noires, veine auriculaire proéminente, poils sur le museau des caprins, apparition de poils sur les paupières des ovins.
12–13	Apparition de poils sur le front, testicules palpables avec le sac scrotal
13–14	Peau blanchâtre et épaisse, jugulaire externe, vaisseaux facial et scrotal ne sont plus visibles, veine auriculaire toujours visible, poils sur les paupières, museau et région du front et pigmentation chez les ovins, apparition de poils sur le dos du cou et le calvarium dur chez la chèvre.
14–15	Apparition de poils sur la poitrine des chèvres et sur le dos du cou des ovins, apparition de bourgeons dentaires temporaires, paupières séparées
15–16	Tout le calvarium dur et les poils du cou apparaissent chez les ovins
16–17	Tout le corps est couvert de poils épars à l'exception des pattes chez les ovins et caprins.
17–20	Tout le corps couvert de poils dense, bourgeons dentaires proéminents, ouverture définitive de la bourse interdigitale chez les ovins
21–22	1-3 poussée éruptive

Source : Sivachelvan et *al.* (1996); Waziri et *al.* (2012)

2.3.2. Placentation et son rôle

Le type de placentation chez la chèvre est du type synépithéliochorial (Zarrouk et *al.*, 2001)qui est intermédiaire entre le type épithéliochorial et le syndesmochorial. Au cours de sa mise en place, les premières ébauches de villosités placentaires apparaissent aux environs du 30ème jour. Ensuite, ces villosités couvrent de façon diffuse la totalité du chorion. Cependant dès le 33ème jour, les bouquets de villosités situés en regard des caroncules utérines s'engrènent dans les cryptes des caroncules utérines pour former les ébauches de cotylédons.Ces ébauches constituent les points de contact fœto-maternel encore appelés placentômes. Chaque placentôme est formé d'une partie fœtale, le cotylédon et d'une partie maternelle, la caroncule. Le placenta est un tissu hybride d'origine fœto-maternelle résultant de la migration et la fusion des cellules binucléées fœtales avec les cellules endométriales de l'utérus maternel (Gayrard, 2007).

Du point de vue de son rôle, le placenta est un organe transitoire très important chez les mammifères euthériens. Il assure les échanges fœto-maternels (nutritifs, respiratoires, rejets des déchets), ainsi que la protection du fœtus contre les bactéries et les substances toxiques (Gayrard, 2007). En plus, il a une fonction endocrinienne à travers la production des hormones et protéines responsables de l'équilibre hormonal de la gestation (Zarrouk et *al.*, 2001).

2.3.3. Endocrinologie de la gestation
- Hormones de la gestation

L'équilibre endocrinien de la gestation chez la chèvre fait intervenir plusieurs hormones dont les plus importantes sont : la progestérone, le sulfate d'œstrone, l'hormone lactogène placentaire (HPL) et les protéines associées à la gestation (PAGs) (Zarrouk et *al.*, 2001).

*Progestérone (P4) : la progestérone est généralement considérée comme l'hormone de la gestation grâce à son rôle très essentiel à l'établissement et au maintien de la gestation. Elle intervient dans le processus d'implantation du fœtus puis permet le maintien de la gestation en contrôlant les contractions du cervix et du myomètre en début de gestation (Gayrard, 2007). La sécrétion de la progestérone chez la chèvre est quasiment d'origine ovarienne (corps jaune) contrairement à la brebis, sa sécrétion est relayée par le placenta dès le 50ème jour de gestation(Sousa et *al.*, 2004). Cette présence de la progestérone au cours de la gestation constitue un moyen efficace de diagnostic précoce de gravidité chez les petits ruminants autour du 17 au 21ème jour après fertilisation(Sousa et *al.*, 2004). Chez la chèvre, son taux est élevé au cours de la gestation et varie entre 2,6 à 14ng/mL depuis la conception jusqu'à la mi-gestation (Kanuya et *al.*, 2000) pour atteindre des pics vers le 10 et 14ème semaine de la gestation (Tandiya et *al.*, 2013).

*Le sulfate d'œstrone : C'est une hormone stéroïdienne d'origine placentaire. Il est détectable dans le sang (plasma) ou dans le lait maternel chez la chèvre aux environs des 45ème–50ème jours de gestation(Sousa et *al.*, 2004). Au 60ème jour de gestation, la concentration moyenne est d'environ 0,6 ng / mL chez les femelles non gravides et de 6,1 ± 3,5 ng / mL chez celles gravides (Refsal et *al.*, 1991). Elle permet de diagnostiquer la gestation, la pseudogestation et la viabilité de l'unité fœto-maternelle autour du 50ème jour de fertilisation(Sousa *et al.*, 2004).

*Protéines associées (ou spécifiques) à la gestation (PAGs ou PSPB) : ce sont dessignaux protéiques produits par l'embryon jouant un rôle déterminant dans le maintien du corps jaune gestatif. De nos jours, chez les ruminants plus d'une dizaine de formes de ces protéines ont été identifiées (Tandiya et *al.*, 2013). Chez la chèvre, ces glycoprotéines sécrétées par le placenta sont détectables dans la circulation sanguine maternelle à partir de la 3ème semaine de gestation jusqu'à la mise bas (Sousa et *al.*, 2004). Elles permettent la viabilité de l'unité fœto-placentaire et de la croissance fœtale (Roberts et *al.*, 2017). Leur taux croît progressivement pour atteindre un pic (69 ± 9 ng/mL) vers la 8ème semaine de gestation (Shahin et *al.*,

2013), se maintient constant jusqu'à la 20ème semaine avant de chuter pour atteindre le seuil de 16ng/ml à la parturition (Shahin et al.,2013 ;Tandiya et al., 2013).

* **L'hormone lactogène placentaire(HPL)** : C'est une hormone de la famille de la prolactine et sécrétée par le placenta (Zarrouk et al., 2001). Elle est détectable dès le 44ème jour de gestation dans le sang maternel chez la chèvre et peut être utilisée pour un diagnostic de la gestation au-delà du 60ème jour (Sousa et al., 2004). Elle intervient dans le développement et dans l'activité des glandes mammaires car l'augmentation de sa sécrétion entre les 10ème et 16ème semaine de gestation coïncide avec le développement lobulo-alvéolaire rapide de celles-ci (Zarrouk et al., 2001). Les hormones lactogènes placentaires sont surtout impliquées dans la croissance de la glande mammaire et celle du fœtus ainsi que dans la régulation du métabolisme intermédiaire maternel (Gayrard, 2007).

-Contrôle hormonal de la gestation chez la chèvre

La fécondation marque le début de la période embryonnaire. Juste après la fécondation, l'embryon sécrète des substances (protéines) qui agissent sur la mère. En effet, au stade blastocytaire, l'embryon a la capacité de synthétiser et de sécréter différentes protéines qui facilitent les mécanismes de son implantation et le maintien de la gestation (Baril al., 1993). Ces protéines sont synthétisées par les cellules binucléées situées dans les couches supérieures du trophoblaste, puis sécrétées dans la circulation sanguine fœtale et maternelle après la fusion des cellules fœtales aux cellules utérines (Zarrouk et al.,2000). Chez la chèvre, le 12ème jour après la fécondation, l'embryon libère la trophoblastine qui bloque la lutéolyse du corps jaune. Aussi, les EPF ou facteurs précoces de gestation d'origine ovarienne induisent la production de la zygotine par l'œuf quelques heures après sa formation.La trophoblastine et la zygotine sont les protéines ou signaux de reconnaissances facilitant l'acceptation et l'implantation de l'embryon dans l'endomètre utérin de la mère.

Entre le 14^{ème}et 17ème jour de gestation, l'embryon de la chèvre sécrète l'interféron tau (τ) qui permet entre autres la transcription du récepteur de l'ocytocine, l'inhibition de la sécrétion de la PGF2 α tout en favorisant celle de la progestérone. Après l'implantation, la progestérone sécrétée en permanence par le corps jaune ovarien durant la gestation induit la libération dans la circulation sanguine maternelle de plusieurs protéines endométriales indispensables à la survie et au développement de l'embryon.

Le placenta, structure fœto-maternelle mise en place à partir du 10ème jour joue un rôle prépondérant dans les échanges entre le fœtus et la mère grâce à ses sécrétions (PAG, PSBP, hormones lactogènes placentaires, œstrogènes).Les protéines placentaires jouent un rôle immuno-modérateur en séquestrant les molécules fœtales susceptibles d'être reconnues par le CMH maternel et auraient un rôle direct dans le maintien de l'activité du corps jaune gestatif (Ayad et *al.*, 2006).Quant aux hormones lactogènes placentaires, elles interviennent dans le développement du tissu lobulo-alvéolaire de la glande mammaire et l'initiation de la lactogénèse. Les œstrogènes sécrétés en grande quantité par le placenta jouent un rôle dans le métabolisme et la croissance du fœtus, contrôlent la synthèse et la libération de la prostaglandine F2α, exercent une rétroaction négative sur l'axe hypothalamo-hypophysaire pendant de la gestation et mettent en route la production lactée après la parturition (Baril et *al.*, 1993).

Du côté maternel, la progestérone produite par le corps jaune ovarien jusqu'à la parturition, inhibe l'action stimulatrice de l'hypothalamus par les œstrogènes(Zarrouk et *al.*, 2001). A l'approche de la parturition, des changements importants se produisent au plan hormonologie. Le taux de la progestérone chute tandis que ceux de prolactine et d'œstrogènes s'élèvent brusquement (Baril et*al.*, 1993). Ces changements déclenchent les processus de la mise bas et de la lactogénèse.

CHAPITRE III : GENERALITES SUR L'ECHOGRAPHIE ET SES APPLICATIONS A LA REPRODUCTION CHEZ LES CHÈVRES

3.1. ASPECTS GENERAUX SUR L'ECHOGRAPHIE

3.1.1. Principe de base de l'échographie

L'échographie est une technique d'imagerie médicale non invasive basée sur l'utilisation d'ondes ultrasonores. Une sonde, équipée de cristaux piézo-électriques, envoie des ultrasons qui se propagent dans le corps et en reçoit les échos. Le cristal mesure ces échos et l'appareil intègre les mesures de temps, de réception et d'intensité pour créer une image sur un écran. Elle permet de visualiser la structure, les contours et les rapports des organes internes pleins non calcifiés en utilisant leur capacité à absorber ou à réfléchir les ultrasons (Hanzen, 2011). L'image est en noir et blanc avec différents niveaux de gris. Tout ce qui est liquide apparaît en noir, ce qui est solide en gris plus ou moins clair selon la densité des tissus et les os sont quasiment blancs. La qualité de l'image obtenue dépend de la fréquence et du type de la sonde.

3.1.2. Types et fréquences des sondes échographiques

-Types de sondes

De nos jours, il existe deux types de sonde (figure6): la sonde linéaire (L) et la sonde sectorielle (S). Chaque type de sonde présente ses avantages et ses inconvénients.

*La sonde linéaire comporte un grand nombre (30 à 120) de cristaux pour former ce que l'on appelle une barrette multisonde. Le plan de coupe est constitué de lignes d'échos réfléchis toutes parallèles entre elles. Ainsi, la résolution latérale est bonne et constante sur toute la profondeur du champ examiné. La sonde linéaire offre l'avantage d'avoir un champ échographique constant que l'on se trouve ou non à proximité de la sonde émettrice. Elle offre également la possibilité de visualiser des structures de plusieurs centimètres même à proximité immédiate de la surface de la sonde (Boin, 2001). L'image obtenue avec une sonde linéaire a une forme rectangulaire.

*La sonde sectorielle a un ou plusieurs cristaux disposés de façon à produire un faisceau qui est rapidement balayé pour former une image en quartier de tarte. La sonde sectorielle a comme avantage de ne requérir qu'une petite surface de contact avec la structure à examiner mais la coupe échographique augmente au fur et à mesure que l'on s'éloigne de la sonde émettrice. Elle est polyvalente et est parfaite pour l'échographie externe des petits ruminants ou pour la ponction écho guidée des follicules ovariens (Hanzen, 2011).

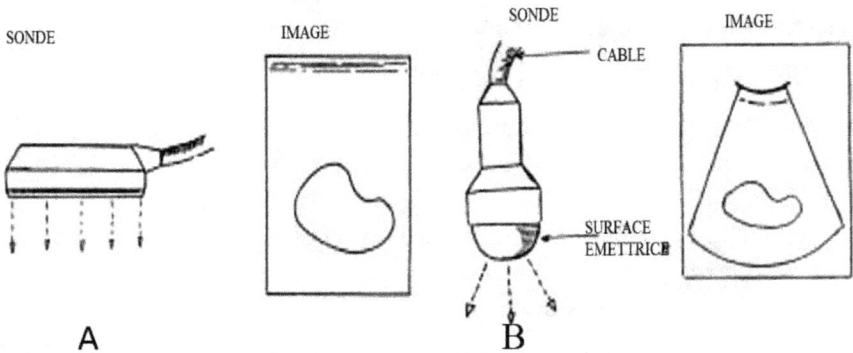

Source : (Boin, 2001)
Figure 6: Types de sondes : sonde linéaire (A) et sonde sectorielle (B)

-Fréquences

En médecine et en production animale, les sondes couramment utilisées ont des fréquences comprises entre 2 et 10 MHz. La définition de l'image est meilleure avec une haute fréquence. La fréquence est différente selon la région à examiner. Ainsi, le choix de la sonde de fréquence quelconque est fonction de la qualité de l'image produite et de la profondeur de pénétration ou sa pénétrance. Plus la fréquence d'une sonde est élevée plus la finesse (résolution) de l'image est meilleure et les ondes pénètrent moins. La résolution ou finesse de l'image est la possibilité de différencier deux points très proches ou la distance minimale entre deux cibles d'échogénicité différente qu'une sonde peut distinguer. Ces deux cibles peuvent se trouver dans l'axe de propagation du faisceau ultrasonore (résolution axiale) ou lui être perpendiculaire (résolution latérale)(Descôteaux et al., 2010).

Lorsque la fréquence diminue, la pénétrance devient plus importante mais la résolution diminue, c'est-à-dire que pour distinguer deux structures, il faut que leur distance soit accrue (Boin, 2001).

Enfin, de nos jours, il existe des sondes a fréquences variables. Aussi, un même échographe peut être équipé de différentes sondes de types (sectoriel ou linéaire) et de fréquences différentes.

3.1.3. Modes d'échographie

Il existe quatre modes échographiques : le mode A (Amplitude), le mode B (Brillance), le mode BD (Bidimensionnel) et le mode TM pour Temps Mouvement (Calais et Dréno, 2004).

-**Echographie en mode A ou unidimensionnelle** est le premier mode d'échographie en médecine humaine et vétérinaire. Son principe est basé sur la réflexion des faisceaux lumineux à la rencontre d'un obstacle en échos qui sont convertis en sons (signaux audibles) et en points lumineux sur l'écran selon la profondeur de la structure (Karen et *al.*, 2001).

-**L'échographie en mode-B ou Brillance** est basée sur le principe de la réflexion des ultrasons en des points lumineux, dont l'image apparaît à l'écran en une gamme de gris allant du noir pour les densités liquidiennes au blanc pour les densités osseuses. La brillance des points lumineux est proportionnelle à l'intensité de réflexion. Ce mode peut s'appliquer selon trois voies : transabdominale, transrectale et transvaginale (Koker et *al.*, 2012).

-**Mode BD = Bidimensionnel ou en temps réel** : Ce mode est une transformation du mode B en faisant un balayage à partir d'un mono faisceau du mode B afin que l'image obtienne sa deuxième dimension. Il existe 2 modalités de balayage soit manuellement en bougeant lentement la sonde ou soit électroniquement à l'intérieur de la sonde (Boin, 2001). Le mode bidimensionnel est le plus utilisé car il permet de faire des coupes anatomiques de bonnes qualités.

- **Mode TM (Temps mouvement)**: Ce mode consiste à faire défiler sur l'oscilloscope le mode brillance à vitesse constante le plus souvent horizontalement, et de gauche à droite. L'intérêt de ce mode réside dans l'étude des structures en mouvement d'où sa grande utilisation en cardiologie. En effet, celles-ci apparaîtront comme des structures ondulantes à l'écran alors que les structures fixes apparaîtront comme des droites horizontales (Boin, 2001).

3.2. UTILISATION DE L'ECHOGRAPHIE POUR DETERMINER L'ETAT PHYSIOPATHOLOGIQUE DE L'APPAREIL GENITAL NON GRAVIDE

L'échographie est un outil de diagnostic grandement utilisé pour le contrôle de l'état physiopathologique de l'appareil génital non gravide chez les petits ruminants. En pratique, ces examens consistent à l'exploration des structures ovariennes (follicule, corps jaune) pour déterminer l'état physiologique, de l'utérus et au diagnostic de la pseudogestation ou hydromètre.

3.2.1. Examen des ovaires des petits ruminants

3.2.1.1- Généralités

Chez les petits ruminants notamment les chèvres, les follicules et les corps jaunes ne sont pas palpables manuellement mais très facilement identifiables à l'échographie transrectale (Medan et *al.*, 2003). L'échographie est un outil fiable pour suivre l'activité ovarienne et la dynamique folliculaire après un traitement de superovulation afin de déterminer les moments d'ovulation (Medan et Abd El-Aty, 2010). De nos jours, la technique de l'échographie a été très améliorée permettant ainsi la visualisation des structures biologiques d'un diamètre égal ou supérieur à 2 mm très nettement. La distinction des différentes structures ovariennes se fait facilement à l'échographie grâce à leur échogénicité (Baril et *al.*, 1999 et 2000). Les follicules apparaissent comme des zones noires plus ou moins bien circonscrites, anéchogènes, de taille comprise entre 3 et 25 mm, limitées par une paroi mince. Ils peuvent être observés tout au long du cycle œstral, en post-partum, durant les premiers mois de la gestation ou lors d'un traitement de superovulation (Simoes et *al.*, 2005).

3.2.1.2. Suivi de la dynamique folliculaire et de l'ovulation

Le suivi de la dynamique des follicules ovariens a été longtemps utilisé pour caractériser la fonction de reproduction femelle (Medan et *al.*, 2003). La dynamique folliculaire était jadis étudiée par des méthodes indirectes (dissection post-mortem, coupes histologiques, dosages hormonaux) et directes (laparoscopie) (Bouttier et *al.*, 2000). De nos jours, ces méthodes stressantes et contraignantes sont de plus en plus abandonnées au profit de l'échographie qui est un outil essentiel pour la compréhension de la physiologie de la reproduction des femelles et l'application optimale des biotechnologies modernes de la reproduction. Le nombre de vagues folliculaires au cours d'un cycle varie entre trois et cinq, chacune comportant trois ou quatre follicules (Simoes et *al.*, 2006 ; Medan et *al.*, 2003). Les vagues folliculaires ont des durées variables entre trois à neuf jours, soient (7 à 9 jours pour les premières, 5 à 7 jours pour les deuxièmes, 3 à 5 jours les troisièmes, quatrièmes et cinquièmes vagues) (Simoes et *al.*, 2006). Le diamètre des follicules dominants des vagues ovulatoires (6 à 8 mm) sont significativement plus grands que ceux des vagues non ovulatoires (5 à 6mm) (Simoes et *al.*, 2006 ; Medan et *al.*, 2003). L'échographie a permis d'améliorer les méthodes d'induction d'œstrus par la détermination du moment d'ovulation, du nombre de follicules qui ont ovulé (Bouttier et *al.*, 2000 ; Medan et *al.*, 2003).

Elle participe à certaines techniques de reproduction assistée comme la ponction folliculaire et le transfert d'embryon (Grizelj et *al.*, 2013).

3.2.2 Utérus non gravide

L'examen échographique de l'appareil génital des petits ruminants consiste presque exclusivement à établir un diagnostic de gestation et éventuellement à dénombrer les fœtus. L'utérus est situé en bas de la vessie chez les petits ruminants. Les images échographiques d'utérus non gravide sont caractérisées par une échogénicité homogène et grossièrement granuleuse de sa paroi. Par ailleurs, chez la chèvre, l'identification de l'utérus non gravide est assez complexe à mettre en évidence par échographie transabdominale à cause du contraste faible entre l'échogénicité utérine et les tissus avoisinants (Calais et Dreno, 2004). La voie transrectale reste privilégiée pour l'identification de l'utérus non gravide et pour le diagnostic précoce chez les petits ruminants (Karen et *al.*, 2014).

3.3. APPLICATIONS DE L'ÉCHOGRAPHIE AUX PATHOLOGIES DE L'UTERUS ET DE L'ACTIVITE OVARIENNE

L'échographie est utilisée dans le diagnostic des pathologies génitales. Ses principales indications en production caprine sont les pathologies utérines (pseudogestation, mortalités embryonnaire et fœtale, métrite) et les kystes ovariens. Ces pathologies constituent des causes importantes de la baisse de la productivité des caprins.

3.3.1. Suivi de l'anœstrus postpartum

L'échographie a permis de préciser les caractéristiques physiopathologiques utérines et ovariennes de la chèvre au cours du postpartum (Ababneh et Degefa., 2005 ; Badawi et *al.*, 2014 ; Medan et *El-Daek.*, 2015). La résorption des placentomes et des lochies est complète quinze jours après la mise bas (Ababneh et Degefa, 2005). L'involution anatomique de l'utérus est complète au terme de la 3ème voire de la 4ème semaine (22 ± 3,3 jours postpartum) (Badawi et *al.*, 2014). Les infections utérines (pyomètres, métrites) qui sont des pathologies postpartum moins fréquentes en élevage caprin peuvent être diagnostiquées à l'échographie (Zarrouk et *al.*, 2000 ; Gonzalez-Bulnes et *al.*, 2010). Les métrites et les pyomètres se détectent par l'observation de cavités liquidiennes intra-utérines (Zarrouk et *al.*, 2000).

L'image échographique du pyomètre montre un aspect floconneux sans pour autant mettre en évidence ni embryon ou fœtus, ni placentômes et accompagnée de la persistance d'un corps jaune. Les métrites diffèrent des pyomètres par la taille, la présence de restes de placentômes sous forme d'œdèmes et par l'aspect du liquide (hyperéchogène ou hypoéchogène) (Gonzalez-Bulnes et *al.*, 2010).

3.3.2. Pseudogestation ou hydromètre chez la chèvre

L'image échographique caractéristique d'une pseudogestation consiste en une zone anéchogène parfois cloisonnée par des membranes lisses dans l'utérus sans contenir de fœtus, de membranes fœtales, ni de placentômes (Figure 7) (Brice *et al.*, 2003). L'utérus est en effet rempli d'un à sept litres de liquide stérile (Mialot*et al.*, 1995). Le diagnostic différentiel de la pseudogestation à l'échographie est facile au-delà du quarantième jour de gestation présumée (Zarrouk *et al.*, 2000). Toutefois, la distinction entre pseudogestation et pyomètre est assez complexe (Mialot*et al.*, 1995).

Dans l'espèce caprine en milieu tropical, des fréquences comprises entre 1,3 à 10,5 % ont été rapportées au Soudan (Almubarak*et al.*, 2018). Dans les zones tempérées, des fréquences de 3,8 % (Leboeuf et al., 1994) ont été rapportées en France, de 3 à 21 % selon les troupeaux en Hollande (Hesselink et Elving, 1996) et de 1,37 à 10,45 % en Serbie (Barna*et al.*, 2017). Les chèvres adultes sont plus touchées que les chevrettes. La pathologie concerne davantage les animaux qui ont été mis à la reproduction en contre-saison à l'aide de traitements hormonaux ou photopériodiques. Le risque de récidive n'est pas négligeable (environ 40 à 55 % des femelles) et de pseudogestation est accru chez les chevrettes issues des chèvres ayant présenté cette pathologie (Hesselink et Elving, 1996).

La pseudogestation se caractérise par une progestéronémie élevée due à la présence d'un ou des corps jaunes ovariens ayant une durée de vie parfois équivalente à celle d'un ou des corps jaunes de gestation (Brice *et al.*, 2003). La pseudogestation dure un à cinq mois au bout desquels le ou les corps jaunes régressent suivis de l'écoulement du liquide utérin souillant la queue. Elle peut être traitée par une ou deux injections de prostaglandine (PGF2α) ou de ses analogues à 12 jours d'intervalle (Almubarak*et al.*, 2018).

Cependant, il est préférable de réformer les animaux atteints compte tenu de la composante héréditaire possible de cette pathologie (Mialot et *al.*, 1995 ; Hesselink et Elving, 1996). Le contrôle échographique de l'utérus en particulier chez les animaux que l'on veut désaisonner constitue une mesure économique conseillée (Brice *et al.*, 2003).

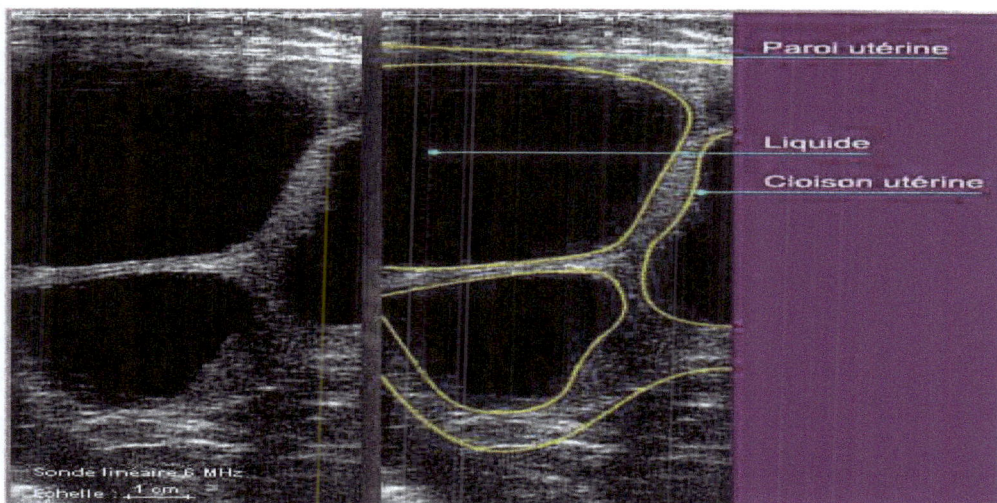

Source : (Calais et Dreno, 2004)
Figure7 : Image échographique d'une pseudo-gestation

DEUXIÈME PARTIE PARTIE:

ETUDE EXPÉRIMENTALE

CHAPITRE I :INTERET DE L'ECHOGRAPHIE DANS LE CONTROLE DE LA GESTATION CHEZ LA CHEVRE : SYNTHESE

1.1. INTRODUCTION

L'identification précoce des femelles non-gestantes constitue un objectif prioritaire pourl'optimisation des performances de production des élevages caprins. Chez cette espèce, les méthodes de constat de gestation sont de nature hormonale (dosage de la progestérone, des glycoprotéines associées à la gestation) (Sousa et *al.*, 2004) ou visent à identifier directement ou indirectement les modifications physiologiques (absence de retour en chaleurs) ou anatomiques (développement de l'abdomen et/ou de la glande mammaire) de l'animal ou de l'utérus (identification de son contenu par radiologie ou échographie) (Ishwar, 1995). Le choix d'une méthode repose essentiellement sur la triple notion de précocité, de praticité et d'exactitude (Sousa et *al.*, 2004). Classiquement, les méthodes de constat de gestation peuvent être évaluées au moyen de quatre critères qui sont la sensibilité et la spécificité, le degré d'exactitude des diagnostics de gestation et de non-gestation (Sousa et *al.*, 2004 ; Kouamo et *al.*, 2014).

Plusieurs publications ont décrit les avantages et inconvénients des diverses méthodes de contrôle de la reproduction disponibles à ce jour (Ishwar, 1995, Sousa et *al.*, 2004). La majorité d'entre elles a été pratiquement abandonnée au profit de l'échographie bidimensionnelle. Elle est non seulement appliquée au constat de gestation mais aussi à la détermination du sexe et du nombre de fœtus (Erdogan, 2012 ; Karen et *al.*, 2014 ; Kandiel et *al*, 2015), au diagnostic de leur vitalité (Samir et *al.*, 2016). Elle est non invasive, facile à mettre en œuvre et donne des résultats en temps réel (Erdogan, 2012 ; Karen et *al.*, 2014). Grâce aux progrès techniques en électroniques,le coût des échographes ont baisé faisant d'elle un outil important dans le contrôle de la reproduction des caprins notamment le suivi de la gestation et le diagnostic physiopathologique. Compte tenu de la multiplicité des champs d'application de l'échographie en reproduction caprine, il nous a semblé intéressant d'en dresser un état des lieux et d'en décrire les perspectives.

1.2. MATERIEL

Les sondes échographiques utilisées en reproduction caprine sont de type linéaire, sectoriel ou convexe. Leur fréquence est comprise entre 3,5 et 7,5 MHz. L'augmentation de la fréquence s'accompagne de celle du pouvoir de résolution, c'est-à-dire la capacité à distinguer des structures très voisines mais en réduit la profondeur d'exploration. Celle-ci est de 17 à 20 cm, 10 à 17 et de 5 à 7 cm pour des fréquences respectivement égales à 3,5 ; 5,0 et 7,5 MHz (Descôteaux et *al.*, 2010).

L'examen échographique se réalise habituellement par voie transabdominale dans la région de l'aine à droite après application d'un gel sur la sonde pour faciliter la pénétration des ultrasons. L'examen transabdominal a l'avantage de réduire le risque de traumatisme des cavités rectale ou/et vaginale. Dans les examens par voie transrectale ou transvaginale, le câble de la sonde est rigidifié avec un support adapté (Koker et *al.*, 2012). Quelle que soit la voie utilisée, l'examen échographique doit se faire sur des animaux en position debout, calmes et limités dans leurs mouvements (contention par l'éleveur, cornadis, couloir de contention, salle de traite, ...).

1.3. ÉCHOGRAPHIE DANS LA CARACTERISATION DE LA GESTATION

Le constat et le suivi de la gestation jouent un rôle important dans l'amélioration de la rentabilité des élevages caprins. L'échographie est couramment utilisée en production animale pour la détection précoce des femelles gestantes des non gestantes, la détermination de sexe, l'estimation de l'âge de la gestation et le dénombrement de fœtus *in utero* en fonction des intérêts de l'éleveur (Jones et Sarah, 2017).

1.3.1. Constat de gestation

1.3.1.1. - Critères de qualité d'une technique de constat de gestation

En production animale tout comme en épidémiologie, la notion d'exactitude d'une méthode revêt une importance pratique certaine (Hanzen et *al.*, 2000). En effet, l'adoption d'une méthode passe par l'évaluation ou la connaissance d'un certain nombre de paramètres tels que la sensibilité, la spécificité, la valeur prédictive négative et la valeur prédictive positive (Sousa et *al.*, 2004).

La sensibilité et la spécificité évaluent la méthode tandis que les valeurs prédictives (positive, négative) évaluent l'utilisateur. La sensibilité se définit comme la probabilité ou la capacité de détecter ce qu'on recherche (diagnostic positif) tandis que la spécificité est la capacité de détecter les animaux négatifs (diagnostic négatif). La valeur prédictive évalue l'aptitude de l'opérateur à faire un diagnostic exact ou inexact. Enfin, l'exactitude de la méthode se définit comme la probabilité de faire un diagnostic correct (positif ou négatif) (Karen et *al.*, 2014)

En général, les données d'un diagnostic sont rangées comme suit : a = diagnostic positif, b = diagnostic positif faux, c = diagnostic négatif, d = diagnostic négatif faux.

Les critères ci-dessus cités sont calculés à l'aide des équations décrites par Kouamo et al.(2014) :

$$- \text{Sensibilité (Se)}, \quad Se = \frac{100 \times a}{a + c}$$

$$- \text{Spécificité (Sp)}, \quad Sp = \frac{100 \times d}{b + d}$$

$$- \text{Valeur prédictive positive (VPP)}, VPP = \frac{100 \times a}{a + b}$$

$$- \text{Valeur prédictive négative (VPN)}, VPN = \frac{100 \times d}{c + d}$$

$$- \text{Exactitude (E)}, E = \frac{(a + c) \times 100}{a + b + c + d}$$

1.3.1.2. Méthode de constat de gestation par échographie

Le constat de gestation constitue une démarche essentielle pour prévenir l'infécondité en production animale. Chez la chèvre, le constat échographique de la gestation a surtout pour but d'identifier précocement les femelles qui ne sont pas gestantes et pouvoir décider de la conduite zootechnique ou alimentaire à leur appliquer (Karen et al., 2014). Il permet également de dépister indirectement les boucs infertiles voire stériles. Plusieurs facteurs sont de nature à rendre plus difficile le constat de gestation: le remplissage du rumen, la longueur des poils, un état d'engraissement important, le caractère farouche ou nerveux fréquent chez les chevrettes. Dans l'optique de lever ses limites, il convient de priver de nourriture les animaux 12 heures avant l'examen, et de raser les poils de la partie inguinale (Karen et al., 2004). Il exige en outre un minimum d'organisation et de moyens humains (main d'œuvre pour la manipulation des animaux) et matériels (gel, chariot).

Le constat de gestation par échographie est établi sur la base de la reconnaissance des images caractéristiques qui sont, entre autres, la présence d'une accumulation de liquide anéchogène dans la cavité utérine, l'observation d'une vésicule embryonnaire et/ou du fœtus ainsi que les battements cardiaques de l'embryon et la visualisation des placentômes (Gonzalez et al., 2004 ; Padilla-Rivas et al., 2005). L'accumulation de liquide dans la cavité utérine à elle seule n'est pas un indicateur fiable de gestation à cause des confusions possibles avec les sécrétions œstrales et pathologiques (pseudogestation) (Karen et al., 2014).

1.3.1.3. Résultats du constat de gestation par échographie

La sensibilité du constat échographique est comprise entre 65 et 100 % au cours des 50 premiers jours de la gestation (tableau III). Entre le 32[ème]et le 34[ème]jour de gestation, le taux d'exactitude positive du constat de gestation est compris entre 85 et

100 %, la fenêtre optimale étant comprise entre le 45ème et le 85ème jour (Meinecke-Tillmann et Meinecke, 2007). Il dépend de divers facteurs dont la race de l'animal, le stade de la gestation, la fréquence de la sonde, la voie d'examen, l'expérience de l'opérateur et la taille de la portée (Koker*et al.*,2012; Karen *et al.*, 2014; Kouamo*et al.*, 2014). La sensibilité augmente avec le stade de gestation compte tenu du développement du fœtus et des annexes fœtales (Raja *et al.*, 2014). De même, les gestations multiples (doubles ou triples) se détectent plus précocement que les gestations simples.

Chez la chèvre, un constat précoce de gestation peut être posé entre le 24ème et le 29ème jour après saillie par les voies transrectale et transvaginale (Koker*et al.*, 2012 ; Karen et *al.*, 2014 ; Kandiel*et al.*, 2015) et entre le 34ème et le 40ème jour par la voie transabdominale (Gonzalez *et al.*,2004; Padilla-Rivas *et al.*, 2005 ; Karen *et al.*, 2014 ; Kandiel*et al.*, 2015). Cette différence tient à la plus grande proximité de la sonde par rapport à l'utérus quand elle est introduite dans le rectum ou le vagin. La voie transrectale est plus sensible que les voies transabdominale et transvaginale (Koker*et al.*, 2012 ; Karen *et al.*, 2014 ; Petrujkic*et al.*, 2016). Les voies transrectale et transvaginale permettent un diagnostic plus précoce que la voie transabdominale (Petrujkic*et al.*, 2016). Toutefois, la précision de la voie transrectale baisse au-delà du 50ème jour de gestation contrairement à celle des deux autres voies (Koker*et al.*, 2012 ; Karen *et al.*, 2014). Cette baisse peut s'expliquer par la descente du ou des fœtus dans la cavité abdominale au-delà de 50 jours de gestation (Raja *et al.*, 2014). La voie transrectale requiert une forte contention de l'animal, elle est plus longue et présente des risques de blessures rectales et utérines.

Tableau III: Comparaison du diagnostic de gestation en fonction des différentes voies d'échographie

Jours de gestation	17 – 22			24 – 29			34 – 39			40-45		46-51	
Critères	TR	TA	TV	TR	TA	TV	TR	TA	TV	TA	TV	TA	TV
Sensibilité (%)	81,6	--	61,3	97,7	--	72,7	99	98,3	65	93	84,3	99	92,3
Spécificité (%)	68,3	--	100	74,2	--	42,8	81	63,26	100	75,8	100	79	100
VPP(%)	78	--	100	84,2	--	85,7	88	73,52	100	84,4	100	87	100
VPN(%)	72,9	--	20	95,8	--	25	98	3,12	65	88	55	98	75
Exactitude(%)	72.2	--	64,7	99.4	87,5	67,5	100	81	70,1	100	86,8	81	93,7

Source : (Koker et *al.*, 2012 ; Omontese et *al.*, 2012 ; Karen et *al.*, 2014 ; Kouamo et *al.*, 2014).

1.3.1.4. Analyse comparative de l'échographie aux autres techniques de constat de gestation

Traditionnellement, plusieurs procédés sont utilisés par les éleveurs des caprins pour diagnostiquer les gestations. Ce sont entre autres l'absence de retour en chaleur, l'observation de l'augmentation de volume de l'abdomen, le développement de la mamelle, la radiographie. Cependant, ces procédés sont subjectifs, tardifs et ne permettaient pas de déceler les cas de pseudogestation. Les méthodes couramment utilisées dans le diagnostic de gestation chez la chèvre sont les dosages de la progestérone, du sulfate d'œstrone, des protéines associées à la gestation (PAG et PSPB) et l'échographie) (Sousa et *al.*, 2004). Le tableau IV résume les forces et les faiblesses de chacune des techniques appliquées au constat de gestation chez la chèvre.

Tableau IV : Analyse comparative des méthodes couramment utilisées en diagnostic de gestation

Méthodes	Avantages	Inconvénients
Dosage Progestérone	- Précoce (entre 19 et 22 jours post-IA) - Fiabilité moyenne pour le constat de non gestation et moyenne pour gestation	- Invasif (prélèvement sanguins) - Délais d'analyses assez longs ; - Nécessité de conservation au froid - Coût élevé - Résultat non immédiat -le dosage de la P4 seule ne permet pas de détecter les pseudogestations ; - dosage de sulfate d'œstrone est tardive
Dosage PAG	- Précoce (21 - 32 jours après IA) - Possibilité de déterminer la taille de la portée - Bonne exactitude - Permet de détecter pseudogestation	
Dosage Sulfate œstrone	- Assurer la vitalité du fœtus - Détecter la pseudogestation - Très fiable à partir de 50ème jour de gestation	
Echographie	- résultat immédiat - fiable [80 à 97 %] - diagnostic de la pseudogestation - permet dénombrer les fœtus - Déterminer le sexe fœtal - Non invasif - détecter la vitalité de l'embryon ou fœtus -estimer l'âge gestationnel par fœtométrie	- Nécessite un opérateur formé - Nécessite une source d'énergie - Coût assez élevé

Source : (Sousa et *al.*, 2004 ; Karen et *al.*, 2014 ; Kouamo et *al.*, 2014)

1.3.2. Caractéristiques du développement embryonnaire par échographie

Le suivi du développement embryonnaire et fœtal *invivo* est essentiel pour optimiser la production animale par une meilleure conduite de la reproduction. Il permet de connaitre les caractéristiques du développement morphologique séquentiel et de détecter les anomalies de croissances de même que les malformations (Jones et *al.*, 2016).

Chez la chèvre, les applications de l'échographie au diagnostic de gestation et à la fœtométrieont permis de décrire certaines caractéristiques de l'embryon (battement cardiaque, la taille et la forme de l'embryon) (Martinez et *al.*, 1998 ; Padilla-Rivas et *al.*, 2005). Le sac gestationnel a été observé pour la première fois entre 16 et 28 jours de gestation sous forme d'une tache sphérique sombre à l'intérieur de l'utérus (Martinez et *al.*, 1998 ; Padilla-Rivas et *al.*, 2005). L'embryon proprement dit est observable le $28^{\text{ème}}$ et le $35^{\text{ème}}$ jour de gestation respectivement par échographie transrectale et transabdominale sous forme d'une vésicule lumineuse à l'intérieur d'une zone sombre (Suguna et *al.*, 2008). Les battements cardiaques sont détectables au $21^{\text{ème}}$ jour et enregistrables le $28^{\text{ème}}$ jour de gestation par échographie transrectale et au $35^{\text{ème}}$ jour par la voie transabdominale (Suguna et *al.*, 2008). Entre le $30^{\text{ème}}$ et $36^{\text{ème}}$ jour, les enveloppes embryonnaires (amnios, allantoïde) sont visibles. Les placentômes apparaissent sous forme de petits nodules légèrement clairs sur la paroi endométriale de l'utérus par échographie transrectale et transabdominale respectivement le $30^{\text{ème}}$ et le $40^{\text{ème}}$ jour de gestation chez les chèvres (Doizé et *al.*, 1997). Au $56^{\text{ème}}$ jour de gestation, la tête, l'abdomen, les membres, la colonne vertébrale sont nettement visibles (Suguna et *al.*, 2008). Cependant ces observations ne décrivent pas succinctement l'organogénèse, les seules données existantes ont été réalisées post-mortem (Waziri et *al.*, 2012). Aussi, les données rapportées sont éparses et contradictoires.

1.3.3. Détermination du sexe du fœtus *in utero*
1.3.3.1. Technique échographique

La connaissance du sexe de fœtus est d'une grande importance en production animale car elle améliore la gestion de l'élevage en planifiant bien les sorties et entrées (Santos et *al.*, 2006, 2007a; Amer, 2010). Ce champ d'application de l'échographie ne présente qu'un intérêt limité en reproduction des petits ruminants. Toutefois, la connaissance du sexe *in utero* permet néanmoins d'envisager la commercialisation des femelles gestantes en fonction du sexe du fœtus (Santos *et al.*, 2006).

La détermination du sexe par échographie est une méthode très pratique et moins contraignante que les méthodes cytogénétiques (Dervishi*et al.*, 2011 ;

Kadivar*et al.,* 2013) qui sont des techniques lourdes, coûteuses et qui présentent des risques (blessures, traumatismes) pour le fœtus et la mère.

La détermination du sexe fœtal se base entre le 45[ème]et le 55[ème]jour de gestation sur l'identification de la position du tubercule génital (structure embryologique dont dérive le pénis chez le mâle et le clitoris chez la femelle) (figure 8) (Santos *et al.,* 2006). Elle est basée entre le 55[ème]et le 130[ème]jour de gestation sur l'identification du scrotum ou de la glande mammaire (Santos *et al.,* 2006 ; Amer, 2010). Le fœtus est de sexe femelle lorsque le tubercule génital est situé respectivement vers la base de la queue et mâle lorsqu'il se situe à proximité du cordon ombilical.

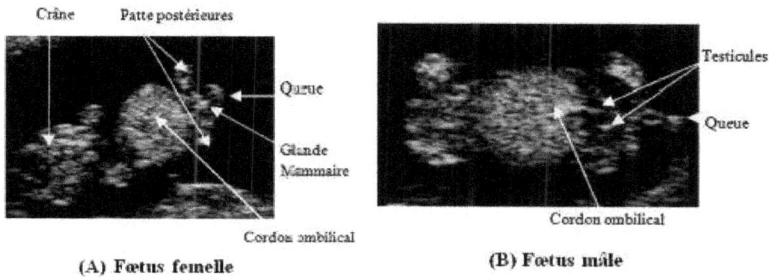

Figure 8 : Images échographiques de la détermination du sexe fœtal chez la chèvre
Source : (Zongo, 2015)

L'exactitude de la détermination du sexe par échographie est comprise entre 75 et 100 % (Santos *et al.,* 2006 ; 2007; Amer, 2010). Elle dépend de la taille de la portée, du sexe de fœtus, du stade de gestation, de l'expérience de l'opérateur et de la position du fœtus (Burstel*et al.,*2002; Santos *et al.,* 2006; Azevedo *et al.,* 2009b).

L'exactitude de la détermination du sexe diminue avec l'augmentation du nombre de fœtus intra-utérin (Santos *et al.,* 2006 ; Amer, 2010). Chez la chèvre alpine, les valeurs de la sensibilité du diagnostic des portées simple, double et triple ont été respectivement de 100 %, 87,5 % et 66,7 % (Santos *et al.,* 2007). Le stade de gestation propice de ladétermination du sexe par échographie chez la chèvre se situe entre le 45ème et 70ème jour de post-saillie (Santos *et al.,*2007 ; Amer, 2010) avec une baisse de l'exactitude au-delà de 80 jours de gestation (Santos *et al.,* 2006). Cette baisse s'explique par la taille et la position des fœtus qui gênent l'identification des organes génitaux. La voie transrectale donne une bonne exactitude pour ladétermination du sexe chez la chèvre comparativement à la voie transabdominale quel que soit le nombre de fœtus (Amer, 2010).

Toutefois, la voie transrectale reste peu pratiquée sur le terrain et sur les gestations avancées contrairement à la voie transabdominale. Chez les chèvres Mérinos et Boer, la sensibilité de diagnostic du sexe mâle (87,50 %) est plus élevée que celle de la femelle (81,82 %) (Santos *et al.*, 2007). Cela s'explique par la position de la glande mammaire entre les pattes et de la vulve sous la queue.

La détermination échographique du sexe d'un fœtus caprin exige une expérience de l'opérateur et un équipement adéquat en raison de la relative proximité entre la localisation finale et la position initiale du tubercule génital des fœtus femelles. Ceci pourrait entrainer des diagnostics incorrects qui nécessitent une seconde visualisation du tubercule génital dans sa position définitive et par l'identification d'autres structures externes (Santos *et al.*, 2006). Dans l'optique de faciliter et d'améliorer la sensibilité de l'échographie pour la détermination du sexe, il a été recommandé de suivre le plan de coupe longitudinale par voie transrectale (Azevedo et *al.*, 2009[b]) et le plan sagittal par voie transabdominale (Burstel et *al.*, 2002).

1.3.3.1. Autres techniques de détermination du sexe du fœtus
- La détermination du sexe des embryons

La production d'embryons *in vivo* et leur transfert chez une receveuse constituent de nos jours les techniques de pointe de la maitrise de la reproduction et de la diffusion du progrès génétique en production animale (Baril et *al.*, 2010). La détermination du sexe de l'embryon à transplanter constitue une plus-value au développement et la spécialisation de la production caprine. Elle peut se faire grâce à plusieurs techniques telles que les tests caryotypique, immunologique, biochimique et la biologie moléculaire (Dervishi et *al.*, 2011; Saberivand et Ahsan, 2016). Cette technique serait inadaptée à nos systèmes d'élevage à cause de son coût élevé et ses exigences (tableau V).

- Le détermination du sexe des spermatozoïdes (la quantité d'ADN, les protéines de surface)

La détermination du sexe par le tri des spermatozoïdes, est une méthode plus séduisante. Cette méthode repose sur les différences fondamentales (les protéines de surface, la quantité d'ADN et le volume de la tête) entre les spermatozoïdes X et Y (Cros, 2005). Elle présente de nombreux avantages découlant du fait de la possibilité de modifier la sex-ratio en choisissant le sexe des futurs produits et de sa bonne exactitude. Cependant, elle est confrontée à des contraintes non négligeables notamment le recourir à l'IA, le coût de revient élevé de la paillette et la faible fertilité de la semence sexée (tableau V).

1.3.3.1. Analyse comparative des techniques de détermination du sexe

Chacune des différentes méthodes de détermination du sexe en production animale, présente des avantages spécifiques mais aussi des inconvénients non négligeables constituants des limites à leur vulgarisation (tableau V). Toutefois, la détermination du sexe par échographie est une technique fiable, rapide, non traumatisante, plus accessible, moins contraignante dont la seule limite est de ne pas permettre le choix du sexe des futurs produits (Santos et *al.*, 2006; Amer, 2010).

Tableau V : Analyse comparative des différentes méthodes de la détermination du sexe

Méthodes	Avantages	Inconvénients
Détermination du sexe des spermatozoïdes (Saberivand et Ahsan, 2016)	- choix du sexe des futurs produits - bonne efficacité de la technique (pureté de 90-95 %) - meilleure valorisation des produits - réduction du nombre de receveuses - réduction du coût de sélection génétique - réduction du coût du renouvellement - plus-value lors de vente de femelles reproductrices gestantes	- Inaccessibilité due au coût élevé d'une paillette et au faible rendement lors de la production - perte d'un grand pourcentage de spermatozoïdes lors du triage (75 à 80%) - faible taux de gestation avec du sperme sexé (47 %) - nécessité d'utiliser l'IA pour la mise en reproduction - rareté de la semence sexée sur le marché
Détermination du sexe des embryons (Tsai et *al.*, 2014)	- choix du sexe des futurs produits - technique fiable et rapide - réduction du nombre de receveuses - optimisation du renouvellement du troupeau - réduction du coût de sélection génétique - Améliore la vente de femelles gravides	- coût très élevé par embryon - nécessité de recourir à la transplantation embryonnaire - technique réservée aux animaux de haute valeur génétique - taux de gestation moyen
Détermination du sexe par échographie (Santos et *al.*, 2007)	- technique fiable, rapide et non traumatisante - pas de nécessité d'utiliser l'IA, - coût accessible raisonnable - plus-value lors de vente de femelle gravide - optimisation de la gestion des réformes, des receveuses, des stratégies commerciales	- Impossible de choisir le sexe des produits - détermination du sexe impossible avant 43ème jour et après 120ème jour de gestation

Source : (Santos et *al.*, 2007; Azevedo et *al.*, 2009a; Tsai et *al.*, 2014; Saberivand et Ahsan, 2016)

1.3.3. Détermination du nombre de fœtus

Cette application de l'échographie offre la possibilité d'adapter le régime alimentaire en fonction du nombre de fœtus, de sélectionner les femelles gestantes à vendre, de prévenir les dystocies par un bon suivi alimentaire et de préparer la parturition (Erdogan, 2012 ; Karen *et al.*, 2014). Le nombre de fœtus sera déterminé par le dénombrement des vésicules embryonnaires (Figure 9), des têtes, des zones de battements cardiaques ou de mouvements fœtaux indépendants (Dawson *et al.,*1994; Padilla-Rivas *et al.*, 2005 ; Karen *et al.*, 2014). Ce dénombrement sera idéalement réalisé entre le 35et 70^{ème}jour de gestation par voie transabdominale (Karen *et al.*, 2014) et entre le 24ème et le 49^{ème}jour par voie transrectale (Dawson *et al.*, 1994 ; Karen *et al.*, 2014). Son taux d'exactitude est compris entre 80 et 100 % (Dawson et *al.*, 1994 ; Karen *et al.*, 2014). L'exactitude baisse avec l'âge de la gestation, l'âge de la femelle et la taille de la portée (Burstel*et al.,*2002; Padilla-Rivas et *al.*, 2005 ; Karen et *al.*, 2014). Plus la taille de la portée augmente, plus la probabilité de dénombrer correctement les fœtus diminue (Karen *et al.*, 2014). Après le 70^{ème}jour de gestation, la visualisation de tous les fœtus à l'écran est difficile en raison de leur taille (Medan *et al.*, 2004 ; Karen *et al.*, 2014). La mise à jeun de l'animal avant l'examen serait de nature à en augmenter la précision (Karen *et al.*, 2004).

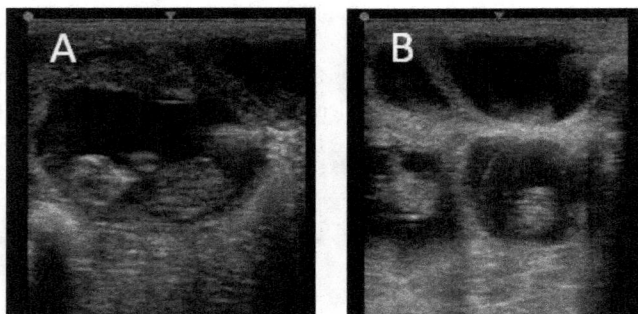

Figure 9 : Images échographiques de gestation caprine double (B), simple (A) (voie transrectale).

1.3.4. Détermination du stade de gestation

Ce champ d'application de l'échographie offre la possibilité de gérer l'alimentation (Erdogan, 2012), d'organiser le troupeau en fonction de la date prévue pour les mises bas (Lee *et al.*, 2005 ; Karen *et al.*, 2009), ou le tarissement (Doizé*et al.*, 1997) des chèvres laitières.

La détermination du stade de gestation se base sur la mesure de diverses dimensions telles que le diamètre de la vésicule embryonnaire, la longueur de l'embryon (Martinez *et al.*, 1998), la longueur des os longs (tibia, fémur, humérus, cubitus ou radius), le diamètre bipariétal (Lee et *al.*, 2005; Amer, 2010), le diamètre thoracique (Figure 10), la fréquence cardiaque fœtale et le diamètre des placentomes (Doizé*et al.,* 1997) et le diamètre de la cavité oculaire (Nwaogu*et al.,* 2010) . D'autres mesures moins fréquemment utilisées telles que la hauteur et le diamètre du cœur ont également été proposées. La majorité de ces paramètres a fait l'objet d'équations de détermination du stade de la gestation.

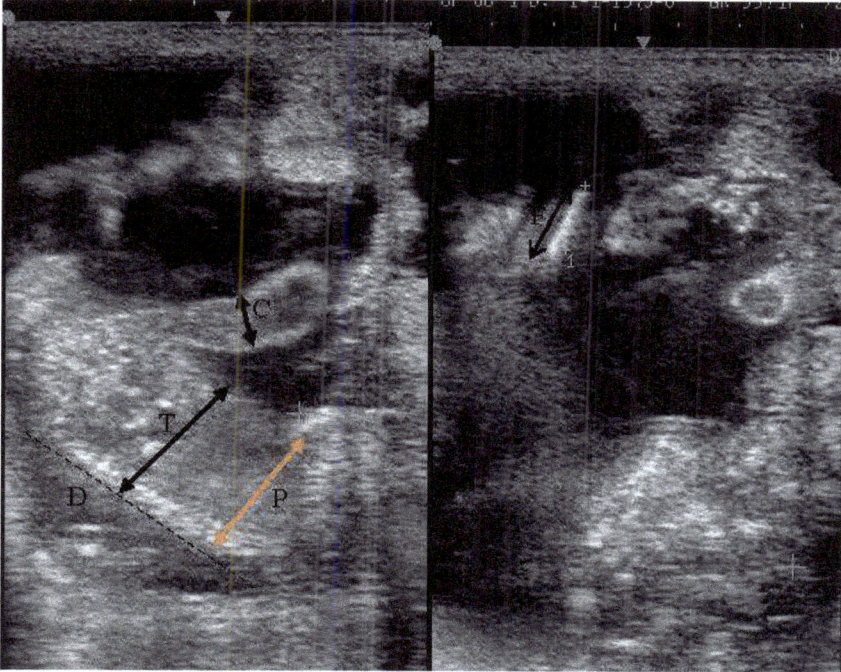

Figure 10: Images échographiques de la mensuration de la poitrine (P), du tronc (T), Cordon ombilical (C), dos (D).

La longueur de l'embryon ou du fœtus, c'est-à-dire la distance séparant la tête et la base de la queue, est fortement corrélée ($R^2 \geq 0,95$) avec l'âge de la gestation durant ses deux premiers mois (Martinez *et al.,* 1998 ; Amer, 2010) et moins par la suite.

La longueur des os longs (fémur, tibia, humérus) (Figure 11) est un bon estimateur de l'âge de la gestation entre le 50ème et 146[ème]jour de la saillie (Rihab*et al.,*2012; Zongo *et al.,* 2018 ; Kandiel*et al.,* 2015). Toutefois, elle est peu utilisée en pratique compte tenu de la difficulté d'accessibilité et des risques de confusion possibles entre les os.

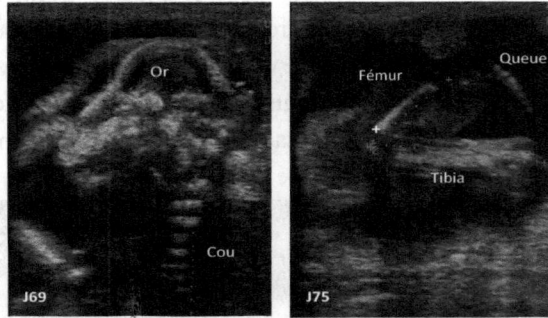

Figure 11 : Images échographiques d'un fœtus caprin à 69 et 75 jours mettant en évidence le cou, l'orbite (Or), la queue, le fémur, le tibia.

Le diamètre bipariétal (Figure 12B) est très corrélé avec l'âge du fœtus ($R^2 \geq$ 0,95) (Suguna*et al.*, 2008 ; Karen *et al.*,2009; Kandiel*et al.*, 2015;). Ce paramètre est facile à identifier et à mesurer dès le 36^{ème}jour jusqu'à la fin de la gestation, toutefois sa corrélation diminue après le 3ème mois.

Le diamètre des placentômes (DPL) (Figure 12A) est généralement utilisé pour estimer l'âge de la gestation chez la chèvre (Kandiel et *al.*, 2015 ; Lee et *al.*, 2005 ; Yazici et *al.*, 2018 ; Waziri et *al.*, 2017). C'est un paramètre très accessible du 40ème au 140ème de gestation (Kandiel et *al.*, 2015). Cependant, sa corrélation avec l'âge gestationnel reste diverse et contradictoire selon les auteurs. De faibles corrélations ($R \leq 0,50$) ont été rapportées chez la chèvre (Doizé et *al.*, 1997 ; Metodiev et al., 2012) tandis que de fortes corrélations ($R \geq 0,95$) ont été observées par Waziri et *al.* (2017), et Yazici et *al.*(2018).

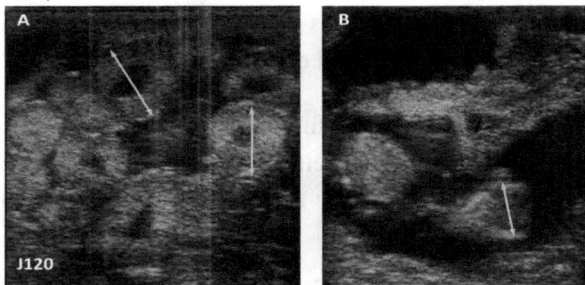

Figure 12 : Images échographiques d'un fœtus caprin pour déterminer l'âge fœtal par des mesures de placentômes (A) et de la tête (B).

La mesure du diamètre de l'orbite (Figure 11) est un bon estimateur ($R^2 \geq 0,80$) et sera idéalement réalisée entre le 50ème et le 126^{ème}jour de gestation (Lee *et al.*, 2005 ; Nwaogu*et al.*, 2010 ; Kandiel*et al.*, 2015).

Le cordon ombilical est facilement identifiable à l'échographie entre le 42ème et 150ème jour de gestation (Kandiel *et al.*, 2015) (figure 13). Le diamètre du cordon ombilical est très corrélé ($R^2 > 0,90$) avec le stade de la gestation (Karen *et al.*, 2009; Kandiel *et al.*, 2015). Il sert de repère pour la mesure du diamètre abdominal au dernier trimestre de la gestation quand le fœtus devient volumineux, la mesure du diamètre abdominal (Figure 11) au niveau de l'ombilic offre l'avantage d'être aisée et très bien corrélée ($R2 \geq 0,96$) avec le stade de gestation (Lee *et al.* 2005 ; Erdogan, 2012 ; Kandiel *et al.*, 2015).

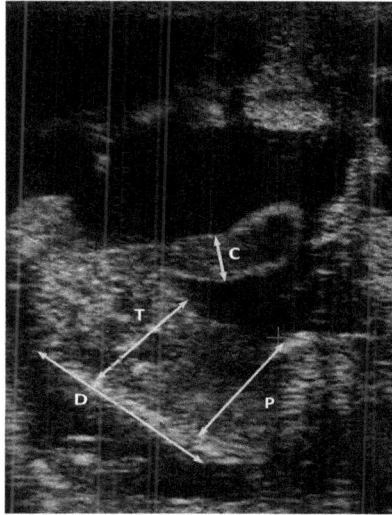

Figure 13 : Images échographiques d'un fœtus caprin.
Mensuration de la poitrine (P), du tronc (T), du cordon ombilical (C), du dos (D

Les dimensions échographiques de nombreux paramètres biométriques du fœtus ont servi à estimer le stade de gestation chez la chèvre. Les résultats ont montré que certains paramètres sont de très bons estimateurs du stade de gestation, d'autres sont de moyens et mauvais estimateurs. Il existe cependant pour chaque paramètre des variations en relation avec la race de l'animal, la taille de la portée et le plan d'observation échographique (Gonzalez et *al.*, 1998 ; Martinez et *al.*, 1998 ; Lee *et al.*, 2005 ; Karen *et al.*, 2009 ; Nwaogu *et al.*, 2010 ; Kandiel *et al.*, 2015).

A partir de différentes mesures, des équations peuvent être utilisées pour déterminer le stade de gestation (tableau VI). En milieu d'élevage tropical, elles sont utiles dans la mesure où les saillies ne sont pas toujours observées et enregistrées. Toutefois, pour être efficace, il convient de tenir compte pour chaque paramètre de la fenêtre de gestation pendant laquelle il est fiable.

Tableau VI: Différentes formules d'estimation
de l'âge en fonction des paramètres fœtaux chez la chèvre

Paramètres	Equations d'estimation de l'âge	Cœfficient de corrélation	Références
Longueur embryon	$Y = -2,23 + 0,13\ X$	0,94	Martinez et *al.*(1998)
Longueur Dos	$Y = 1,3534\ X^2 + 2,0215\ X - 10,45$	0,98	Amer (2010)
Diamètre Cordon ombilical	$Y = 1,3086\ X - 3,2137$	0,91	
Profondeur Poitrine	$Y = 5,1562\ X - 28,817$	0,87	
Longueur Fémur	$Y = 5,6403\ X - 29,724$	0,93	Kandiel et *al.* (2015)
Longueur Tibia	$Y = 4,4905\ X - 22,182$	0,87	
Diamètre Orbite	$Y = 1,6628\ X - 5,2055$	0,92	
Hauteur cœur	$Y = 3,1536\ X - 14,748$	0,93	
Diamètre cœur	$Y = 2,0632\ X - 8,2609$	0,95	
Diamètre Tronc	$Y = 0,8308\ X - 23,11$	0,96	Karen et *al.* (2009)
	$X = 26Y - 4,8$	0,99	Suguna et *al.*(2008)
Placentôme	$Y = -0,0031\ X^2 + 0,8131\ X - 18,172$	0,91	Karen et *al.* (2009)
	$X = 42,5\ Y - 5,2$	0,99	Suguna et *al.* (2008)
Bipariétal	$Y = 0,6554\ X - 14,407$	0,96	Karen et *al.* (2009)
	$X = 13,8\ Y + 41$	0,99	Suguna et *al.* (2008)

Y=paramètre en mm et x = âge gestationnel en jours ou semaines

1.3.5. Estimation du poids fœtal

L'estimation du poids du fœtus intra-utérin est essentielle en production animale pour limiter les mortalités néonatales, améliorer la survie des nouveaux nés et prédire le mode de parturition (Zongo et *al.*, 2014). Elle permet de dépister et de suivre les troubles de la croissance fœtale (Ivars et *al.*, 2010). Aussi, permet-elle d'anticiper la prise en charge néonatale en cas de menace d'accouchement prématuré. L'application de l'échographie à l'estimation du poids fœtal chez les chèvres a été faite sur des organes génitaux gravides collectés après abattage (Zongo et *al.*, 2014) et *in vivo* chez l'Homme (Ivars et *al.*, 2010) et la brebis (Azevedo et *al.*, 2007). Elle consiste à faire des corrélations entre des paramètres biométriques fœtaux mesurés à l'échographie et le poids du fœtus. Le poids fœtal est relativement bien corrélé (r ≥ 0,80) avec la longueur du dos, du fémur, du tibia, le diamètre bipariétal, le diamètre du cordon ombilical mais pas avec le diamètre des placentômes (r = 0,60) (Zongo *et al.,* 2014). Ce champ d'application présente un intérêt pour la prise en charge des gestations à risque et pour mieux suivre les produits des croisements interraciaux. Toutefois, ces travaux existants ont été réalisés *in vitro* et non *in vivo*.

1.3.6. Mortalité embryonnaire et fœtale

Les mortalités embryonnaires et fœtales sont récurrentes dans les élevages de petits ruminants, leurs incidences pouvant atteindre 55 %, elles sont responsables de pertes économiques importantes (Jonker, 2004 ; Samir et *al.,* 2016). Les mortalités embryonnaires sont difficiles à détecter en élevage sans une méthode de constat de gestation fiable. Leur diagnostic échographique se base sur l'absence d'identification de mouvements du fœtus ou de battements cardiaques, sur l'observation de signes de dégénérescence de l'embryon ou du fœtus et des membranes fœtales (Figure 14) (Samir et *al.,* 2016). Mais le plus souvent, le diagnostic de mortalité fœtale est établi par un constat de gestation négatif suite à un premier constat positif (Samir et *al.,* 2016).

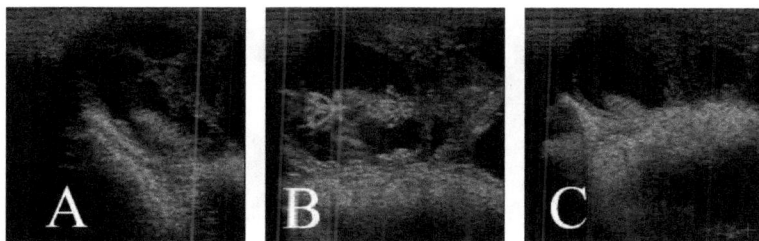

Figure 14 : Images échographiques de gestation caprine mettant en évidence un fœtus normal (B) et la mortalité fœtale (A et C).

1.4. CONCLUSION PARTIELLE 1

En somme, cette étude rapporte les résultats des travaux de recherche antérieurs concernant les principales applications de l'échographie au contrôle de la gestation chez les chèvres. Ces études ont porté principalement sur le diagnostic de gestation, la détermination du sexe du fœtus, le dénombrement fœtal, les mortalités embryonnaire et fœtale, la pseudogestation. Les données de la littérature ont montré une grande variabilité interraciale. Cependant, il n'existe pas de données sur son application au suivi de la dynamique du développement embryonnaire et de l'organogénèse chez les chèvres. En effet, les informations existantes sur la chronologie du développement embryonnaire et fœtal chez la chèvre sont très sommaires et éparses. Son application sur le suivi séquentiel du développement embryonnaire et à l'organogénèse s'avère nécessaire afin de suivre de la gestation chez chèvre. Des travaux récemment réalisés chez la brebisrapportent que l'échographie est une technique fiable pour suivre le développement anatomique de l'embryon et du fœtus.

CHAPITRE II : CONTROLE ECHOGRAPHIQUE DE LA CROISSANCE EMBRYONNAIRE ET FŒTALE

2.1. INTRODUCTION

Ces dernières années ont connu un renouveau des travaux sur les caprins. Dubeuf (2011) et Rege et *al.* (2011) soulignent l'intérêt pour la recherche de soutenir ce secteur d'activité agricole, notamment dans les régions où les perspectives de développement de l'élevage caprin semblent favorables. La chèvre du sahel, grâce à son cycle court et continu et son format, est mieux adaptée aux capacités d'investissement des familles modestes et constitue l'une des principales sources de protéines animales (viande, lait et ses dérivés) et de revenus pour les populations rurales (Nantoumé et *al.*, 2011). Cette espèce subit cependant de nombreuses contraintes de reproduction dont la pseudogestation avec des fréquences moyennes qui sont comprises entre 1,3 à 10,5 % (Barna et *al.*, 2017 ; Almubarak et *al.*, 2018). L'application de techniques de diagnostic précoce de gestation et de suivi du développement fœtal revêtent une valeur ajoutée considérable pour optimiser le taux de survie des nouveaux nés et améliorer le revenu des producteurs (Karen et *al.*, 2014). L'échographie permet de détecter les femelles gestantes, d'évaluer la viabilité embryonnaire et de compter le nombre de fœtus par gestation (Zongo et *al.*, 2014 ; Samir et *al.*, 2016). Dans les élevages tropicaux où les mâles et les femelles sont conduits ensemble, cette technique est un atout important pour une gestion optimale de la reproduction. Elle fournit aux producteurs, les informations nécessaires pour regrouper les femelles gestantes selon leur besoin nutritionnel et organiser un rationnement approprié au cours du dernier trimestre de la gestation, réaliser le tarissement à des périodes adéquates et les préparer à la parturition (Vural et *al.*, 2008). L'application de l'échographie à la reproduction de la chèvre est encore récente et a porté sur la validation de la technique, le développement folliculaire et sur l'involution utérine au cours du postpartum (Zongo et *al.*, 2014 ; Zongo et *al.*, 2015). L'identification des femelles gestantes et le suivi du développement embryonnaire et fœtal n'ont pas suffisamment été développés.

L'objectif de la présente étude est de déterminer les caractéristiques et la chronologie des séquences de développement embryonnaire et fœtal chez la chèvre du sahel par observation échographique chez dix-huit (n = 18) femelles gestantes.

2.2. MATERIEL ET METHODES
2.2.1. Animaux et traitements

Cette étude a concerné dix-huit (n=18) chèvres du Sahel synchronisées séquentiellement en quatre lots de cinq (n=5) et seules les femelles saillies et gestantes ont été considérées dans la suite de l'expérience. Les observations échographiques ont été pratiquées deux fois par semaine par voie transrectale (Karen et *al.,* 2014) du jour dix-huit (J18) au jour soixante (J60) après les saillies au moyen d'une sonde linéaire de 5Mhz. Les femelles gestantes ont été maintenues en station debout dans un couloir de contention. Les images caractéristiques des séquences du développement embryonnaire et fœtal ont été enregistrées. La chronologie de l'organogénèse et de la morphogénèse a été appréciée et illustrée par des images les plus représentatives (Sivalchevan et *al.,* 1996 ; Valasi et *al.,* 2017).

2.2.2. Analyse des données

Les résultats du développement embryonnaire et fœtal ont été rangés en moyenne plus ou moins écart-type et analysés au moyen du test t de Student avec le logiciel GraphPadPrism 5.3. Les différences ont été considérées comme significatives au seuil de probabilité de 5 % (p<0,05). Les images échographiques ont été traitées à l'aide de *Paint* de MS Office 2016.

2.3. RESULTATS
2.3.1. Caractéristiques d'une gestation

Les diagnostics précoces de gestation ont été réalisés dans l'intervalle [21 - 30] jours avec un délai moyen de 23,80 ± 3,76 jours pour l'ensemble des femelles (soit environ 75 % à J24). Chez les femelles primipares, le délai de diagnostic de gestation semble significativement plus précoce comparativement aux femelles multipares (P=0,04) soit 21,2 ± 1,83 jours chez les primipares contre 25,41 ± 2,75 jours chez les femelles ayant mis bas au moins deux à trois fois. Les principales caractéristiques ou signes de gestation à l'échographie ont été une dissymétrie entre les cornes utérines avec une accumulation de fluides dans une corne, l'observation de vésicules embryonnaires correspondant à des cavités sombres contenant une ampoule échogène (Figure 16A). De J24 à J30, les diamètres moyens de la corne gestante sont passés de 27,53 ± 2,76 mm à 33,73 ± 5,20 mm.

2.3.2. La vésicule embryonnaire ou sac embryonnaire

Les observations échographiques ont rapporté l'apparition d'une vésicule remplie d'un liquide contenant un filament lumineux en son centre (Figure 16A) chez huit (n=8) femelles à J21 et chez six (n=6) autres femelles aux jours 23 et 24 après les saillies. Le diamètre de la vésicule embryonnaire a été 9,42 ± 1,01 mm et la longueur du filament lumineux a été 7,37 ± 1,05 mm à J21.

2.3.3. Bouton embryonnaire

Entre J24 et J29, le filament lumineux s'est étalé et épaissi à l'intérieur de la vésicule liquidienne (figure 15B) pour donner un embryon de forme ovale avec dans la partie médiane une ligne de symétrisation et au pourtour une métamérisation apparente. A J28, le cordon ombilical est apparu et les battements cardiaques sont perceptibles pour la première fois (figure 15C).

A partir de J30, un embryon complet et allongé a été observé chez toutes les femelles de l'expérimentation. La longueur moyenne de l'embryon à cette date est de $10,29 \pm 1,53$ mm. Aussi, à cette date, les observations échographiques ont montré l'apparition de la membrane amniotique, un cœur individualisé et une tête apparente (figure 15D).

A J36, la cavité abdominale de l'embryon, la tête, les ébauches des pattes, le cordon ombilical sont bien individualisés et sont visibles dans les images échographiques (figure 16A). A cette date, l'embryon prend une forme apparemment recourbée en graine de haricot.

Les placentômes ont été observés à J40 sous forme de nodules ovales et éclaircis sur la paroi utérine (figure 16B) avec un diamètre moyen de $7,23 \pm 1,1$ mm.

A J42, la face ventrale de l'embryon a été examinée. L'image a montré que l'abdomen, la tête, les membres antérieurs et postérieurs et la queue sont nettement visibles (figure 16C).

Les figures 15 et 16 rapportent les images échographiques du développement chronologique de l'embryon et de ses annexes.

Images échographiques	Représentations	Commentaires
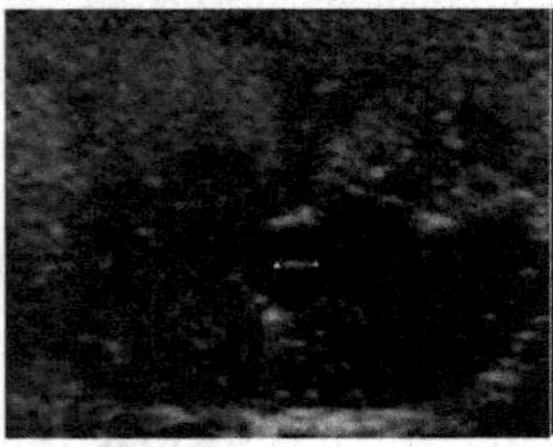 A : Jour 21 (J21)	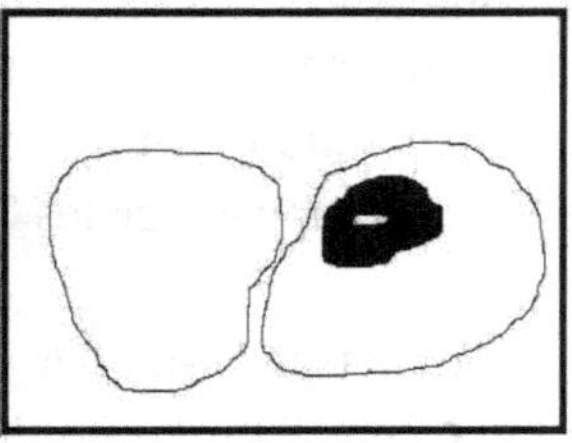	- Cornes utérines dissymétriques - Vésicule sombre avec un embryon filamenteux
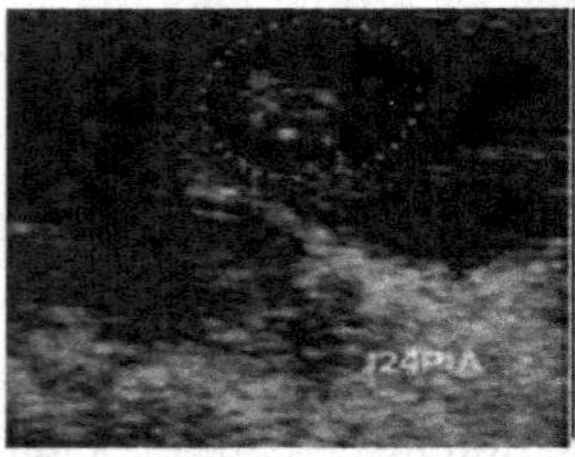 B : Jour 24 (J24)	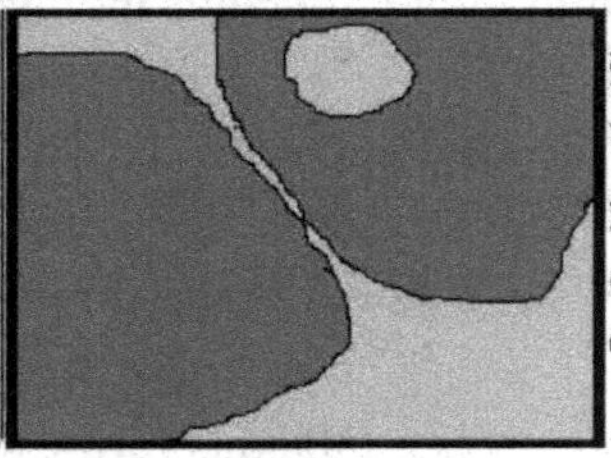	Stade bouton embryonnaire avec embryon segmenté Observation des ébauches des pattes, de la tête et du corps.
 C: Jour 28 (J28)	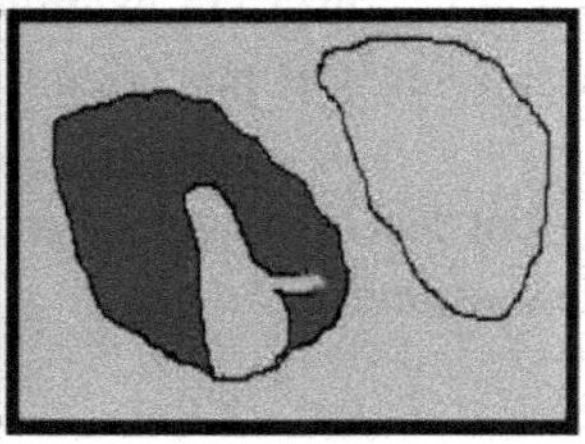	- Embryon - Corne utérine vide - Apparition - Début battement cardiaque
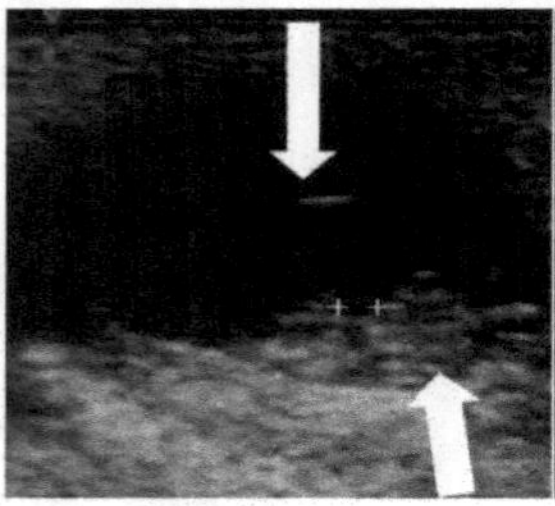 D: Jour 30 (J30)	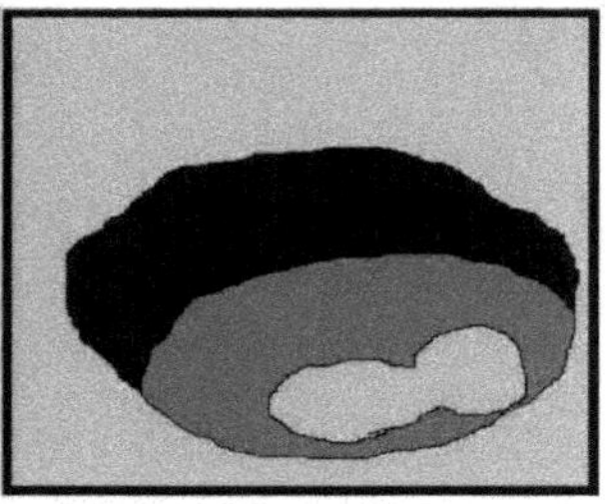	- Apparition de la membrane amniotique - Tête individualisée - Cœur

Figure 15 : Chronologie du développement embryonnaire au cours du premier mois.

Images échographiques	Représentations	Commentaires
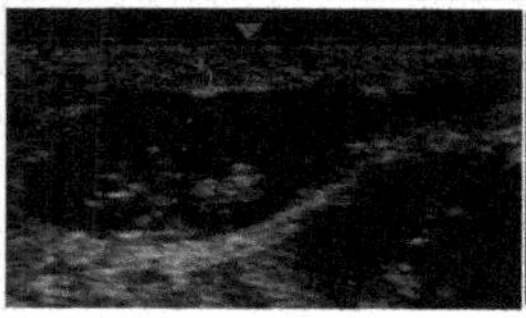 A : Jour 36 (J36)	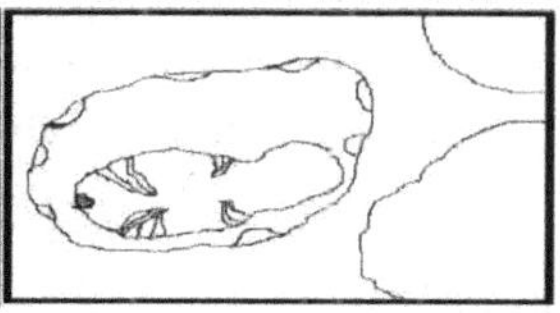	-Embryon en forme de « L » et libre, -Cavité abdominale formée, -Apparition des pattes, la queue et les cotylédons
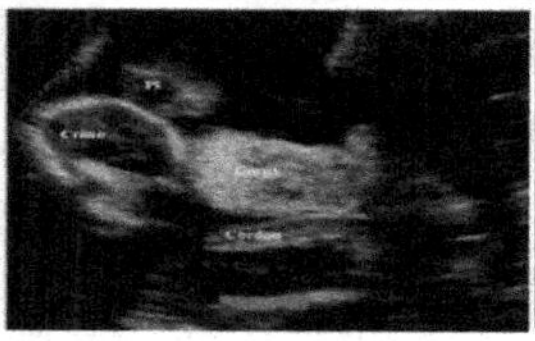 B : Jour 40 (J40)	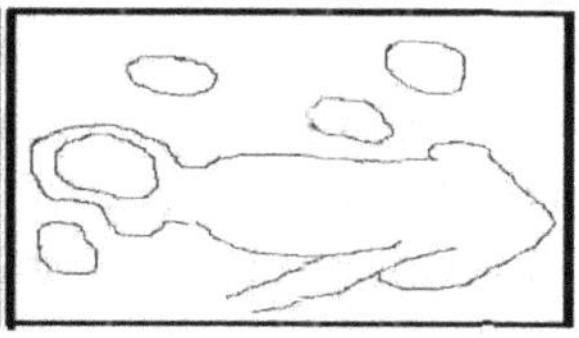	-Crâne délimité et le pariétal est visible -Apparition des placentômes -Cordon bien individualisé
 C : Jour 42 (J42)	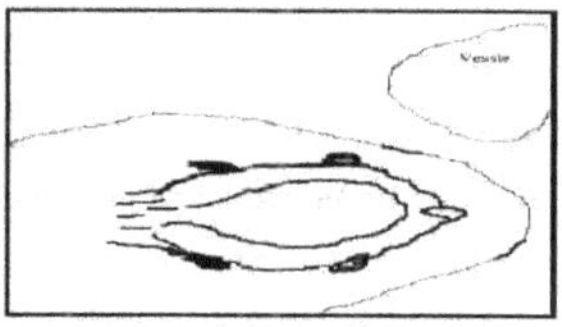	Vue ventrale du fœtus de 42 jours - Membres sont visibles -Queue se dessine
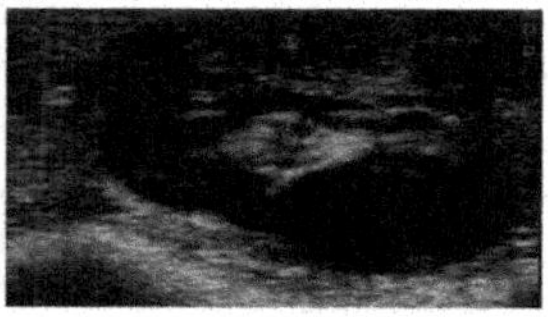 D : Jour 45 (J45)	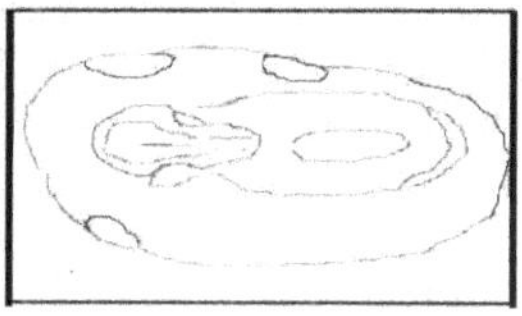	- Cavité oculaire bien délimitée - Oreilles - Grande mobilité du fœtus
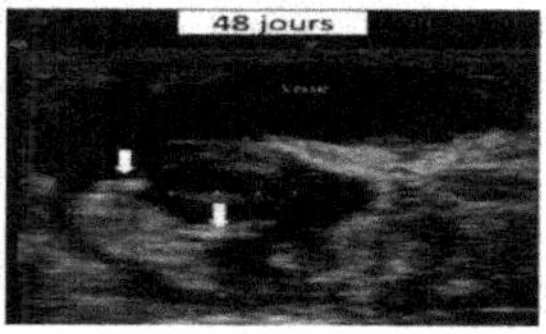 E : Jour 48 (J48)	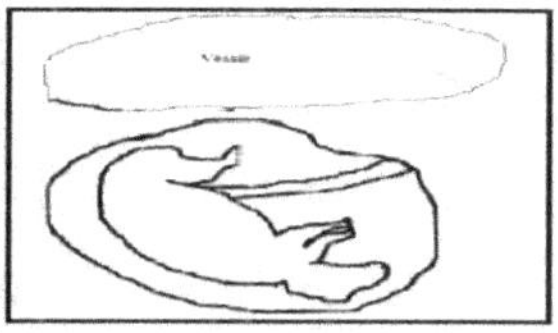	Vue de profile du fœtus de 48 jours -Membres antérieurs et postérieurs -Cordon ombilical - Tête

Figure 16 : Chronologie du développement embryonnaire entre J36 et J48

2.3.1. Séquence de l'ossification

L'ossification a commencé par la tête. L'observation échographique a rapporté l'image d'uneplaque osseuse du crâne ou voûte crânienne à J40. Cette image circulaire et bordée d'une couche fine blanche au départ évolue pour se scinder en deux lobes appelés pariétaux à partir de J55 (tableau VII, figures 17). Les boutons osseux des membres antérieurs et postérieurs non segmentés sont observés à l'échographie distinctement *in vivo* à partir de J43 (tableau VII, figure 16). Les parties ossifiées se présentent au stade précoce en des points blancs (hyperéchogènes) entourées de zones noires (anéchogènes). Les différents segments des membres (tibia, fémur, humérus et radius) ne sont mesurables qu'à partir de J50 et plus (tableau VII). Les os de la colonne vertébrale sont observables à partir de J45 en moyenne (tableau VII et Figure 18A). Les vertèbres sont individualisées à J50 (tableau VII et Figure 18B).

Tableau VII : Séquence d'apparition et mesures échographiques de quelques structures osseuses fœtales.

Paramètres fœtaux (mm)	Première observation à l'échographie	
	Taille (mm)	Age (jours)
Tibia	4,94 ± 2,73 [2,83 – 8,97]	52,5 ± 3,08 [48 – 54]
Fémur	3,74 ± 2,09 [2,14 – 7,34]	50 ± 4,47 [48 – 58]
Humérus	2,05 ± 1,32 [2 – 6,1]	45,2 ± 2,01 [43 – 48]
Os de la voûte crânienne	10,31 ± 2,06 [7,16 – 12,53]	39,5 ± 3,03 [36 – 45]
Membres Antérieurs	2,17 ± 1,01 [1,7 – 3,20]	42,3 ± 3 [39 – 45]
Membres postérieurs	4,03 ± 1,32 [3,02 – 5,35]	40,02 ± 4,1 [36 – 45]
Colonne vertébrale	20,92 ± 3,02 [18,13 – 24]	46,79 ± 5,01 [42 – 51]

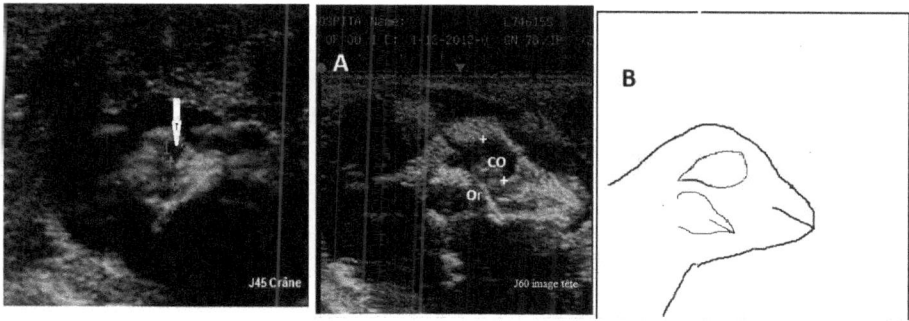

Figure 17 : Images échographique du crane à J45 et J60

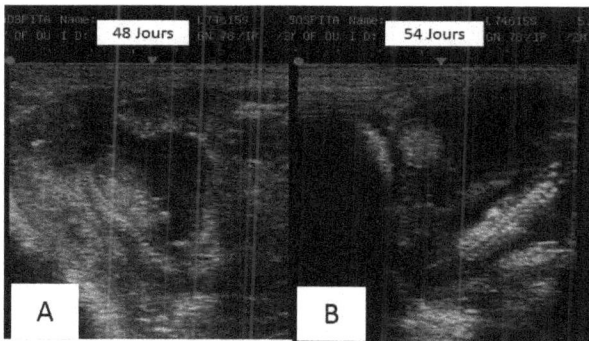

Figure 18 : Image échographique de la colonne vertébrale à J48 et J54.

2.4 CONCLUSION PARTIELLE 2

Ce travail a permis de décrire les caractéristiques d'une gestation précoce, du développement embryonnaire et fœtal chez la chèvre. Les données obtenues dans cette étude, constituent des valeurs de référence pour le contrôle du développement intra-utérin de plusieurs paramètres de l'embryon et du fœtus de chèvre. Elles servent, en outre, de précieux guides aux producteurs et aux techniciens dans la conduite des troupeaux caprins notamment pour le diagnostic de gestation, le suivi de la croissance fœtale, l'estimation de la date de parturition et la détection des retards de croissance fœtale. Toutefois, son application optimale par les praticiens en production animale et les cliniciens vétérinaires nécessitent des chartes gestationnelles propres à nos races locales.

CHAPITRE III: ESTIMATION ECHOGRAPHIQUE DE L'AGE DE LA GESTATION CHEZ LA CHEVRE

3.1. INTRODUCTION

En Afrique Subsaharienne, les nombreuses pertes de production de petits ruminants sont dues à l'abattage des femelles gestantes (53 % et 80,01 %) (Bokko, 2011 ;Pitala*et al.*, 2012), à la mortalité des jeunes durant la période post-sevrage, à la faible connaissance des potentiels génétiques et à la faible maîtrise des paramètres zootechniques des races locales (Tamini *et al.*, 2014). Dans les systèmes d'élevages à dominance extensive, la gestion des troupeaux (alimentation et le contrôle de la reproduction) est assez précaire et mérite une attention particulière.

De nos jours, l'échographie est utilisée en routine pour le contrôle et le suivi de la reproduction notamment le diagnostic de gestation, la détermination de la taille de la portée, l'estimation du stade gestationnel, la détermination du sexe fœtal (Doizé et *al*, 1997 ; Karen et *al.*, 2014). Ces applications sont très importantes pour le rationnement alimentaire, la gestion optimale de la santé et de la reproduction des femelles (Doizé*et al.*, 1997). En outre, une estimation correcte de l'âge gestationnel permet aux producteurs de regrouper les femelles en lots en fonction du stade, de tarir les femelles gestantes au moment opportun et de préparer les mises bas (Haibel, 1988 ; Waziri et *al.*, 2017). Chez les chèvres de races locales, les saillies ne sont pas généralement observées et enregistrées d'où la nécessité d'appliquer l'échographie pour accroitre la rentabilité de leur élevage. Chez les chèvres, plusieurs études ont été réalisées sur le suivi de la dynamique fœtale en utilisant plusieurs paramètres biométriques (diamètre bipariétal, longueur du fémur, longueur du dos, longueur du tibia, diamètre des placentômes, diamètre oculaire, diamètre du cordon ombilical) (Karen *et al.*, 2014 ; Kandiel et *al.*, 2015 ; Lee *et al.*, 2005). Ces travaux ont rapporté de très fortes et positives corrélations ($R^2 \geq 0,95$) entre la croissance des structures fœtales et l'âge gestationnel.

Toutefois, il existe des facteurs de variations (race, accessibilité sur une longue période, stade de la gestation et la taille de la portée) qui limitent l'utilisation de ces paramètres pour l'estimation de l'âge de la gestation (Waziri et *al.*, 2017). Le diamètre bipariétal est positivement corrélé avec l'âge de la gestation chez plusieurs espèces (Homme, ovins, caprins, bovins) (Haibel, 1988 ; Metodiev et *al.*, 2012;Lawrence et *al.*, 2016). Les placentômes sont des unités fœto-maternelles chez les ruminants, observables facilement sur une grande période de la gestation (40 à 140 jours) mais qui sont moins corrélés avec l'âge fœtal (Doizé et *al.*, 1997; Metodiev et *al.*, 2012). Cependant, de fortes corrélations positives ($R \geq 0,90$) ont été enregistrées chez la chèvre (Suguna et *al.*, 2008 ; Waziri et *al.*, 2017) entre l'âge de la gestation et le diamètre des placentômes. Aussi, le diamètre des placentômes ne varie pas en fonction de la taille de la portée (Hussein, 2017). Le cordon ombilical est une structure fœtale très accessible et fortement corrélé avec l'âge de la gestation (Karen *et al.*, 2009 ; Kandiel et *al.*, 2015). Les placentômes, le cordon ombilical et le bipariétal, paramètres fœtaux facilement accessibles et mesurables à l'échographie entre le 40 et 120ème jour de la gestation (Doizé et *al.*,1997; Kandiel et *al.*, 2015, Waziri et *al.*, 2017) ont été recommandés et couramment utilisés dans la prédiction de la date de parturition chez les ovins (Doizé*et al.*, 1997; Waziri et *al.*, 2017). Cependant, il n'existe pas de données de l'application de l'échographie à la prédiction de la date de parturition en milieu réel sur les chèvres de races locales et les informations concernant les variabilités raciales des différentes chartes gestationnelles.

La présente étude a pour objectifs d'appliquer l'échographie dans la biométrie fœtale et la détermination de l'âge du fœtus chez la chèvre sahélienne.

3.2. MATERIEL ET METHODES

3.2.1. Animaux et traitements

La présente étude a été réalisée à la station expérimentale de l'université Joseph KI-ZERBO de juillet 2016 à Août 2018. Elle a concerné des chèvres du Sahel multipares et nullipares gestantes. Elles ont quotidiennement 5 à 6heures de pâturage naturel et complété avec des produits agroalimentaires (tourteau) et des fanes d'arachide et de haricot. L'eau et les pierres à lécher sont disponibles à volonté.

3.2.2. Examen échographique

Les examens ont été réalisés à l'aide d'un échographe de marque CHISON 8300. Les femelles à différents stades de gestation ont été examinées par voie transrectale (7,5Mhz) et transabdominale (3,5Mhz) pour les gestations avancées. Dans la voie transabdominale, les poils de la partie inguinale sont rasés pour faciliter le contact de la sonde avec la peau. Un gel de contact est utilisé pour éliminer les trous d'air entre la sonde et l'organe. Chaque animal est maintenu en stabulation à l'aide d'un assistant et pour chaque paramètre trois à quatre mesures sont enregistrées pour faire des moyennes. Les placentômes ont été mesurés selon la méthodologie décrite par Lawrence et *al.* (2016), le cordon, le bipariétal selon celle décrite par Kandiel et *al.* (2015) et la longueur de l'embryon selon Martinez et *al.* (1998).

3.2.3. Dispositif expérimental

Cette étude a été réalisée en deux expériences. La première **expérience (EXP 1)** a concerné vingt-huit (n = 28) chèvres du sahel de poids moyens (32,5 ± 3,7 kg).

Elles ont été induites en œstrus par un traitement progestagène de 11 jours (éponge vaginale imprégnée de 20 mg d'acétate de fluorogestone, FGA, Chrono-gest®, Intervet Productions SA, Igoville, France), associé à une injection d'un analogue de PgF2 α (50µg de Cloprostenol) et de 400 UI de PMSG (Pregnant Mare Serum Gonadotrophin) au 9ème jour du traitement. Le retrait des éponges a lieu le 11ème jour du traitement (Koker et al., 2012). Deux jours après le retrait des éponges, les chèvres sont saillies par deux boucs sahéliens préalablement examinés féconds et bonne libido (Koker et al., 2012). Le jour de la saillie est considéré comme le jour zéro (J0) de la gestation (Karen et al., 2014).

Les mensurations échographiques ont débuté le 21ème post-saillie et ont été effectuées deux fois par semaine entre le vingt-et unième et soixantième jour, et une fois par semaine du 60ème jusqu'au 120ème jour de gestation (Amer, 2010). Au cours de chaque examen, les structures biométriques fœtales (longueur de l'embryon ou longueur du dos, le diamètre bipariétal, le diamètre du cordon ombilical, diamètre des placentômes) sont mesurées. Chacune d'elles est prise au moins deux fois ou plus afin de calculer la moyenne. Les données obtenues ont été utilisées pour établir les chartes gestationnelles des modèles de régressions le plus corrélés avec l'âge de la gestation.

La deuxième expérience (EXP 2) a porté sur quarante-deux (n = 42) femelles gestantes multipares dont les dates des saillies ont été enregistrées et cachées à l'opérateur (Hadlock et al., 1987). L'estimation de l'âge de la gestation a été réalisée en calculant grâce aux équations préétablies sur les paramètres fœtaux (diamètre des placentômes, diamètre du cordon ombilical et le diamètre bipariétal, la longueur de l'embryon) (Lawrence et al., 2016) lors de la première expérience. L'erreur de la prédiction de l'âge a été évaluée en soustrayant âge réel à celui estimé suivant la méthode décrite par Hadlock et al. (1987).

3.2.4. Analyses statistiques des données

Les données collectées ont été rangées en moyenne plus ou moins erreurs standards. Elles ont été analysées à l'aide du logiciel GraphPadPrism 5.3. Les différences sont considérées significatives au seuil de probabilité de 5 % (p<0,05). Un nuage de points a été généré et ajusté avec une courbe tendance traduisant au mieux le modèle de régression du paramètre. Les équations de ces courbes servent directement de charte gestationnelle chez la chèvre du Sahel. Les moyennes des âges estimés et celles d'âges réels ont été comparées à l'aide du test-pair de Student (Waziri et al., 2017). L'erreur d'estimation de l'âge a été déterminée par la méthode de Hadlock et al. (1987).

3.3. RESULTATS

Les résultats obtenus montrent que les paramètres fœtaux et fœto-maternels évoluent significativement (P≤0,001) avec l'âge de la gestation. L'embryon a été observé à l'échographie transrectale à J18 et mesurable chez toutes les chèvres en moyenne 29,24 ± 7,89 jours après saillie. Les placentômes et la tête ont été visualisés en moyenne respectivement 40, 18 ± 1,11 jours [38 – 42] et 37,75 ± 1,29 jours [36 – 43] de gestation. Le cordon ombilical est mesurable par échographie à 41,2 ± 2,79 jours [38 – 45] chez la chèvre du Sahel.

La croissance du diamètre bipariétal, du cordon ombilical et la longueur de l'embryon mesurés est positivement et fortement corrélée (R=0,94 ; R=0,93 et R=0,89) avec l'âge de la gestation excepté les placentômes (R=0,64) qui sont faiblement corrélés. Toutefois, le diamètre de placentômes est fortement ($r^2 = 0,75$; GA = $19,937e^{0,0645DPL}$) corrélé avec l'âge de la gestation avant 80jours). La longueur de l'embryon et le diamètre bipariétal croient selon une régression de type linéaire (figures19 et 20) tandis que le diamètre de placentômes et du cordon ombilical suivent un modèle régression en puissance (figures21 et 22).

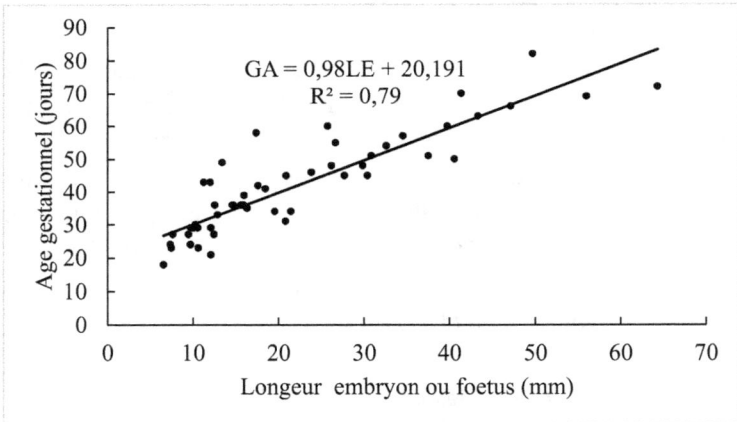

Légende: GA= âge gestationnel (jours) et LE = Longueur de l'embryon (mm)

Figure 19 : Nuage des points et courbe de régression de la longueur de l'embryon (mm) avec l'âge de la gestation (jours).

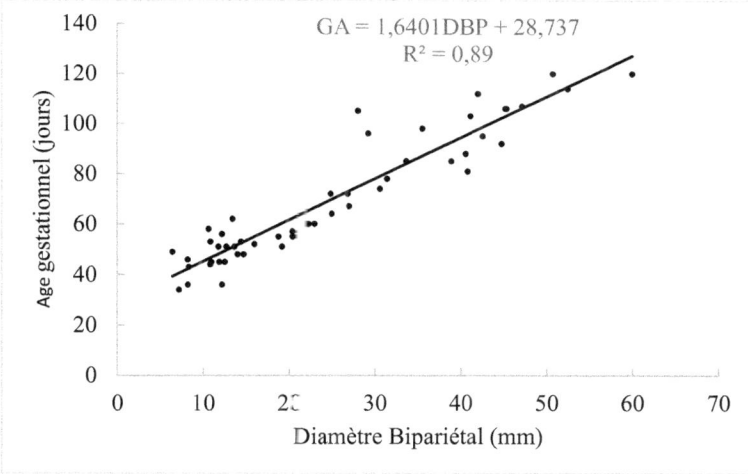

Légende: GA= âge gestationnel (jours) et DBP = diamètre bipariétal (mm)
Figure 20: Nuage des points et la courbe de régression du diamètre bipariétal (mm) avec l'âge de la gestation (jours).

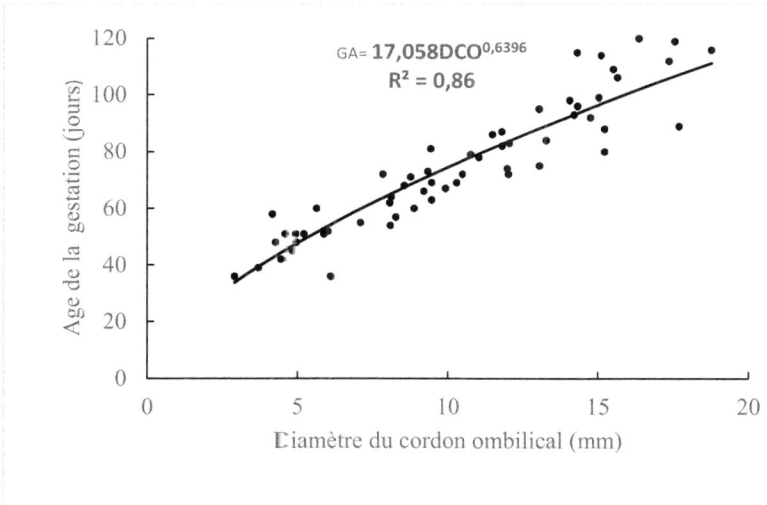

Figure 21: Nuage des points et la courbe de régression
du diamètre du cordon ombilical (mm) avec l'âge de la gestation (jours).

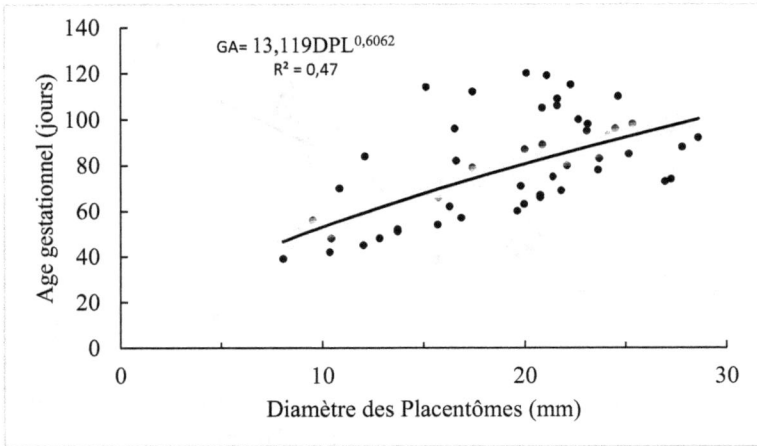

$$GA = 13,119 DPL^{0,6062}$$
$$R^2 = 0,47$$

Légende: GA= âge gestationnel (jours) et DPL = diamètre des placentômes (mm)

Figure 22: Nuage des points et la courbe de régression du diamètre des placentômes (mm) avec l'âge de la gestation (jours).

D'une manière, l'échographie sous-estime l'âge de la gestation comparativement à l'âge réel obtenu après soustraction à la mise bas.

Tableau VIII: Moyenne ± Erreur standard
de l'âge estimé et l'âge réel à parturition avec les différents paramètres

Paramètres	Age estimé Moyenne ± ES(Jours)	Age réel Moyenne ± ES(Jours)	Coefficient corrélation (R)	P-value
Placentômes	69,325 ± 2,33[a]	78,54 ± 2,76[b]	0,70	0,0001
Bipariétal	68,17 ± 3,38[a]	69,68±3,56[a]	0,95	0,2060
Cordon ombilical	71,30±3,14[a]	75,87±3,09[a]	0,92	0,053

a-b : valeurs significativement différentes entre colonnes (P≤ 0,05)
a-a, b-b : valeurs non significativement différentes entre colonnes (P≥ 0,05)

La précision de l'estimation de l'âge gestationnel en milieu réel à l'aide des chartes préétablies sur les paramètres fœtaux de la chèvre du Sahel a été évaluée en pourcentage par intervalle de temps ± 7jours, ± 14jours et plus ou moins de 14jours pour chaque paramètre fœtal (tableau IX). Le diamètre du cordon ombilical et le diamètre bipariétal sont plus précis que le diamètre des placentômes (tableau IX).

Tableau IX: Précision de chaque paramètre pour l'estimation de l'âge gestationnel

Paramètres Fœtaux	Différence entre l'âge réel et l'âge estimé en pourcentage		
	± 7jours	± 14jours	<-14jours ou >14jours
Diamètre du Placentôme	20/59 (33,89 %)	38/59 (64,40 %)	21/59 (35,59 %)
Diamètre du Cordon ombilical	36/62 (58,06 %)	53/62 (85,48 %)	9/62 (14,52 %)
Diamètre du Bipariétal	32/50 (64 %)	46/50 (92 %)	4/50 (8 %)

3.4. CONCLUSION PARTIELLE 3

Cette étude est une grande contribution à l'application de l'échographie dans le suivi de la gestation dans les élevages de caprins de race Sahélienne. Les données obtenues ont montré de fortes corrélations positives entre l'âge de la gestation et les structures biométriques fœtales (cordon ombilical, bipariétal et longueur de l'embryon). Les équations obtenues sont des bons estimateurs de l'âge gestationnel en milieu d'élevage lorsque les saillies n'ont pas été observées. Malgré la faible corrélation des placentômes avec l'âge de la gestation, ils sont utilisables avec précision pour l'estimation de la date de mise-bas dans le cas des gestations moins de 80jours. Toutefois l'application des différentes chartes gestationnelles dans la prédiction de la date de parturition mérite une attention particulière à cause des variations raciales observées et la baisse de leur fiabilité au-delà de 100jours.

CHAPITRE IV: DETERMINATION DU SEXE PAR ECHOGRAPHIECHEZ LES CAPRINS DU SAHEL

4.1. INTRODUCTION

L'échographie est une technique d'investigation largement utilisée en médecine vétérinaire avec un accent particulier sur la reproduction des femelles. Son application au diagnostic précoce de gestation, au dénombrement et à la détermination du sexe est d'une grande importance en reproduction animale (Azevedo et *al.*, 2009a). En effet, la connaissance du statut gestationnel et celle du sexe fœtal *in utero* améliorent la gestion (alimentation, santé, reproduction) de la ferme (élevage) et la commercialisation des animaux gestants (Santos et *al.*, 2006 ; Amer, 2010). Comparativement aux grands animaux (bovins, chameaux, chevaux), la détermination du sexe par échographie ne s'est pas beaucoup portée sur les petits ruminants (Tainturier et Wyers, 2004). Chez les chèvres, les principales études existantes ont concerné essentiellement la détermination de l'exactitude de la méthode échographique, les plans de détermination du sexe, le temps de migration du tubercule génital.

Le temps moyen de la migration du tubercule chez les chèvres varie de 43 à 54 jours de gestation (Santos et *al.*, 2006 ; Azevedo et *al.*, 2009a ; Neto et *al.*, 2010). Ces auteurs ont rapporté, une variation significative entre les races et non significative entre le sexe. Cependant, Neto et *al.* (2010) ont trouvé que le temps de migration du tubercule génital est plus court chez les fœtus provenant des saillies naturelles comparativement à ceux de l'insémination artificielle et de transfert embryonnaire au sein d'une même race.

Concernant le plan de détermination du sexe, la position longitudinale de la sonde est le meilleur plan de détermination du sexe par échographie transrectale à tout stade quel que soit le sexe (Azevedo et *al.*, 2009b). Cette position permet une vue d'ensemble de l'abdomen et de la région caudale du fœtus par une simple rotation de la sonde avec une possibilité d'identification du sexe (Azevedo et *al.*, 2009a). Le détermination du sexe du fœtus par échographie consiste à l'examen des apparences du tubercule génital (Zongo et *al.*, 2014) et/ou des organes génitaux externes (scrotum, pénis, vulve, trayons) (Santos et *al.*, 2006; Santos et *al.*, 2007, Amer, 2010).

L'exactitude de l'échographie pour la détermination du sexe varie entre 52,3 % et 100 % chez les caprins (Santos et *al.*, 2006, 2007; Amer, 2010). Ces études rapportent des variations en fonction du stade gestationnel, de la race et de la taille de la portée. Ainsi, la période propice pour le détermination du sexe par échographie pour l'espèce caprine est comprise entre 55 et 70 jours de gestation (Santos et *al.*, 2006, 2007).

L'application de l'échographie en élevage de petits ruminants s'avère donc nécessaire pour une meilleure intégration des biotechnologies de la reproduction notamment l'insémination artificielle, les transferts embryonnaires, le diagnostic précoce de gestation, l'estimation de l'âge gestationnel et la détermination du sexe fœtal. Toutefois, très peu d'études ont porté sur la détermination du sexe de fœtus chez les chèvres subsahariennes (Zongo et *al.*, 2014). En outre, il n'existe aucune donnée sur le temps de migration du tubercule génital et le développement des organes génitaux fœtaux chez cette race caprine.

L'objectif de la présente étude est (i) d'estimer la période de mise en place des organes génitaux externes (bourgeons mammaires, pénis, testicule ou scrotum, vulve) et (ii) d'évaluer l'aptitude de l'échographie appliquée à la détermination du sexe et du nombre de fœtus *in vivo,* au constat de gestation chez les chèvres du Sahel.

4.2. MATERIEL ET METHODES

4.2.1. Animaux et traitements

La présente étude a été réalisée au laboratoire de physiologie animale de l'Université Joseph Ki-ZERBO. La station expérimentale de Gampéla (12°22' latitude Nord et 1°31' longitude Ouest) située en zone soudano-sahélienne. Elle a concerné cinquante-huit (n = 58) chèvres du sahel burkinabè d'âge compris entre 1 à 5 ans et de poids variant entre 25 et 42 kg. Les animaux ont quotidiennement 5 à 6 heures de pâturage sur parcours naturel avec un bon suivi sanitaire. L'eau et les pierres à lécher sont disponibles à volonté. Les animaux sont induits en œstrus par traitement hormonal et saillis naturellement par des boucs sahéliens préalablement sélectionnés sur leur fécondité et libido. Le jour de la saillie est considéré comme le jour zéro (J0) de la gestation (Karen et *al.*, 2014).

4.2.2. Examen échographique

Les examens échographiques ont été réalisés par un même opérateur expérimenté sur des animaux maintenus en stabulation. Un échographe de marque CHISON 8300 Ltd muni d'une sonde linéaire transrectale de 5Mhz adaptée avec support PVC pour faciliter son insertion et sa manipulation dans le rectum (Santos et *al.*, 2007) et une sonde convexe trans-abdominale de 3,5Mhz ont été utilisées. Lors de chaque examen, un gel de contact est appliqué sur la sonde pour faciliter le contact.

Quand le fœtus est localisé, de légers mouvements de rotation permettent d'identifier la partie postérieure-ventrale. La détermination du sexe est basée sur l'observation de la position finale du tubercule génital (TG) et/ou des structures génitales externes (scrotum, glande mammaire, testicules, vulve). Le fœtus est qualifié de sexe mâle, lorsque le tubercule génital est situé près du point d'attache du cordon ombilical et/ou par l'observation des organes génitaux externes (fourreau, scrotum et pénis). Par contre, il est qualifié de sexe femelle lorsque le tubercule génital est situé vers la base de la queue ou par l'observation des apparences de la glande mammaire (trayons) entre les cuisses (Santos et al., 2007a).A la mise bas, le sexe des chevreaux est enregistré et comparé avec celui déterminés à l'échographie (Santos et al., 2006).

Expérience 1 : Cette expérience a concerné douze (n =12) chèvres du Sahel et a été réalisée entre le 40ème et le 60^{ème}jour de gestation et a consisté à la détermination du temps de migration du tubercule génital et la mise en place des organes génitaux. Les examens ont été faits trois fois par semaine par voie transrectale. La position du tubercule génital et les organes génitaux observés sont enregistrés. Le sexe du fœtus est noté en fonction de la position du tubercule génital (Santos et al., 2006).

Expérience 2 : Elle s'est déroulée entre le 50ème et 100ème jour de gestation. Les examens ont été pratiqués une fois par semaine par voie transrectale entre le 50 et 65ème jour de gestation, une fois par voie transabdominale après rasage de la partie inguinale près des mamelles du 65 au 100ème jour de gestation. Elle a porté sur quarante-six (n = 46) femelles gestantes. Le sexe du fœtus a été déterminé en se basant sur l'observation des structures génitales externes (Amer, 2010).

4.2.3. Analyse Statistique des données

Dans la présente étude, les données obtenues à l'échographie et à la mise bas ont été rangées selon le modèle proposé par Zongo et al. (2014) (tableau X) : le nombre de diagnostic exact du sexe mâle (a), le nombre de diagnostic exact du sexe femelle (b), le nombre de diagnostic inexact du sexe mâle (c) et le nombre de diagnostic inexact du sexe femelle (d).

Les paramètres tels que la sensibilité et les valeurs prédictives ont été calculées afin d'évaluer la méthode échographique. La sensibilité ou l'exactitude de l'échographie évalue sa capacité à détecter le sexe des fœtus. La valeur prédictive (mâle ou femelle) est définie comme la probabilité pour que le diagnostic posé soit correct ou qu'une détermination du sexe (mâle ou femelle) soit correcte.
La valeur prédictive et la sensibilité ont été calculées par les relations ci-après :

Sensibilité à la détermination du sexe mâle (SeM), $SeM = \dfrac{(100xa)}{(a+d)}$

Sensibilité à la détermination du sexe femelle (SeF), $SeF = \dfrac{(100xb)}{(b+c)}$

Exactitude ou Sensibilité totale (SeT), $SeT = \dfrac{100x(a+b)}{(a+b+c+d)}$

valeur prédictive mâle (VPM); $VPM = \dfrac{100a}{(a+c)}$

Valeur prédictive femelle (VPF), $VPF = \dfrac{100xb}{(b+d)}$

L'influence de certains facteurs tels que l'âge gestationnel, la taille de la portée et la voie utilisée (transabdominale ou transrectale) sur la sensibilité de la méthode échographique appliquée à ladétermination du sexe a été évaluée. Les résultats ont été rangés en trois groupes selon les tranches d'âge gestationnel (40 – 50; 51 – 64; 65 - et plus) suivant le modèle de Amer (2010).

Les données ont été analysées à l'aide du test de Khi-deux (Chi^2) du logiciel Excel de Microsoft office 2016 au seuil de significativité de 5 %.

Tableau X:Comparaison des résultats échographiques et anatomiques de la détermination du sexe

Résultats échographiques	Résultats après mise bas		
	Mâle	Femelle	Total
Diagnostic exact	a	B	a+b
Diagnostic inexact	c	D	c+d
Total	a+c	b+d	

Source : (Zongo et *al.*, 2014).

4.3. RESULTATS

Dans l'expérience 1, douze (n=12) gestations dont cinq (n=5) simples et sept (n=7) doubles ont été suivies. Le tubercule génital a été observé entre le cordon ombilical et les pattes postérieures et son temps de migration du tubercule génitale a été en moyenne de 46,01 jours et varie entre 41 et 51 jours. Les temps moyens de la première identification à l'échographie des structures génitales externes telles que le scrotum, le prépuce, la vulve et les glandes mammaires (trayons) ont été calculés et sont consignés dans le tableau XI

Tableau XI: Temps moyens de migration du tubercule génital et la séquence d'apparition des structures génitales externes à l'échographie.

Structure	Tubercule génital	Scrotum	Prepuce	Vulve	Bourgeons Mammaires
Temps (jours)	$46,01 \pm 5,02$ [41 – 53]	$51,2 \pm 9,3$ [48 – 65]	$48,18 \pm 3,01$ [45 – 51]	$53,03 \pm 3,0$ [51 – 57]	$48,1 \pm 3,2$ [46 – 51]

. Les images illustratives des structures génitales externes du fœtus sont représentées par la figure 23. Tous les fœtus de cette expérience ont été correctement déterminés.

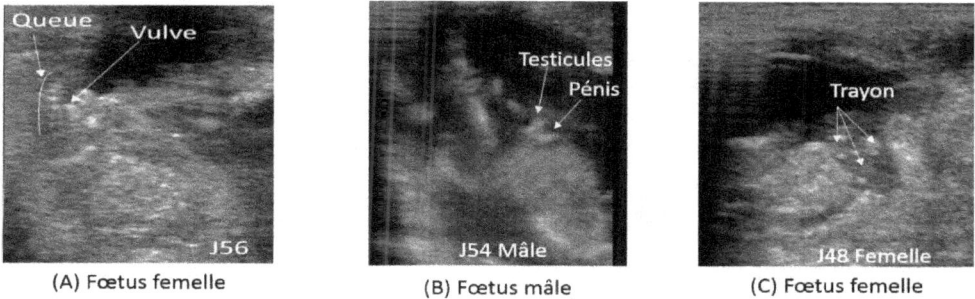

(A) Fœtus femelle   (B) Fœtus mâle   (C) Fœtus femelle

Figure 23 : Images échographiques
de fœtus femelles A (J56) et C(J48), fœtus mâle (J54).

Expérience 2 : Cette expérience a concerné quarante et six (n = 46) femelles gestantes. Les résultats de l'analyse comparative des données échographiques et du sexe après la mise-bas sont consignés dans le tableau XII. La sensibilité de l'échographie appliquée à la détermination du sexe fœtal a été de 83,11 % (64/77). La sensibilité en fonction du sexe du fœtus n'a pas varié significativement (P ≥ 0,05). Les valeurs prédictives de la technique échographique pour la détermination des sexes mâle et femelle ont été respectivement de 85,36 (35/41) et 78,37 % (29/35) avec une différence significative (P≤0,05).

Tableau XII : Analyse comparée des résultats de diagnostic de sexe
à l'échographie et après la mise-bas, de la sensibilité et de la valeur prédictive.

Résultats échographiques	Résultats après mise bas		
	Sexe mâle	Sexe femelle	Total
Diagnostic exact	35	29	64
Diagnostic inexact	6	7	13
Total	41	36	77
Valeur prédictive (%)	85,36 %[a]	78,37 %[b]	-
Sensibilité (%)	83,33 %[a]	82,85 %[a]	83,11 %

a-b : valeurs significatives (P ≤ 0,05) entre colonnes

L'influence de la taille de la portée et l'âge de la gestation sur l'exactitude de
l'échographie appliquée à la détermination du sexe *in vivo* a été évaluée et sont
consignés dans les tableaux XIII et XIV. Une influence significative de ces
paramètres sur l'exactitude (P ≤ 0,05) de la technique échographique appliquée à
ladétermination du sexe*in vivo* chez la chèvre de Sahel a été observée.

Tableau XIII: Analyse comparative de la sensibilité en fonction du type de gestation

Type de gestation	Nombre fœtus correctement sexé	Nombre de Fœtus incorrectement sexé	Nombre de fœtus non sexé	Nombre de chevreaux	Exactitude n (%)
Simple	19	5	0	24	19/24 (79,16 %) [a]
Double	42	8	14	64	42/64 (65,25 %) [b]
Triple	3	0	3	6	3/3 (50,00 %) [c]
Total	64	13	17	94	64/94 (68,08 %)

a-b : valeurs significatives (P ≤ 0,05) entre lignes

Tableau XIV : Analyse comparative de l'exactitude en fonction de l'âge gestationnel

Age gestationnel (jours)	Nombre fœtus correctement sexé	Nombre de Fœtus incorrectement sexé	Nombre de fœtus non sexé	Nombre de chevreaux	Exactitude n (%)
40 – 50	11	2	6	19	11/19 (57,89 %)[a]
5? – 65	37	2	6	45	37/48 (77,08 %)[a]
65 - +	16	9	5	30	16/30 (53,33 %)[b]

a-b : valeurs significatives (P ≤ 0,05) entre lignes

La sensibilité et la valeur prédictive de l'échographie appliquée à la détermination du sexe chez la chèvre du Sahel n'ont pas varié en fonction des deux (02) voies d'examen pour les fœtus mâles (tableau XV). Cependant, elles ont varié significativement le sexe femelle.

Tableau XV: Analyse comparative de l'échographie transrectale
à l'échographie transabdominale à la détermination du sexe

Résultats échographiques	Résultats après mise bas			
	Echo transrectale		Echo transabdominale	
	Mâle	Femelle	Mâle	Femelle
Diagnostic exact	17	21	18	8
Diagnostic inexact	3	4	3	3
Valeur prédictive	85 %[a]	84 %a	85,71 %[a]	72,72 %[b]
Sensibilité	80,95 %[a]	87,5 %[b]	85,71 %[a]	72,72 %[b]

a-b : valeurs significatives (P ≤ 0,05) entre colonnes

4.4. Conclusion partielle 4

Au terme de cette étude, les résultats obtenus indiquent que la migration du tubercule est complète à J46 de la gestation et les structures génitales externes (scrotum, prépuce, vulve et les bourgeons mammaires) sont bien identifiables à l'échographie au plus tard au 55ème jours de gestation. De ces observations, la fenêtre de sexage propice chez la chèvre du Sahel est comprise entre le $55 - 100^{ème}$ jour de gestation. La sensibilité et la valeur prédictive obtenues montrent que l'échographie est un moyen fiable et précise pour la détermination du sexe fœtal chez la chèvre du Sahel en milieu d'élevage. Cependant, il est recommandé de répéter les examens dans le cas des gestations multiples (double et triple) pour obtenir une bonne sensibilité.

CHAPITRE V: DISCUSSION GENERALE

La revue bibliographique a été une étape importante pour la définition de notre sujet de recherche. Elle a permis d'identifier les données manquantes dans la littérature et de concilier avec les besoins en informations des acteurs de la production caprine. En Afrique Subsaharienne, les nombreuses pertes de production de petits ruminants sont dues à l'abattage des femelles gestantes (53% et 80,01%) (Bokko, 2011 ; Pitala*et al.*, 2012), à la mortalité des jeunes, la faible connaissance des potentiels génétiques et la faible maitrise des paramètres zootechniques des races locales (Tamini et *al.*, 2014). Ces zones sont caractérisées par un système d'élevage à dominance extensive dans lequel l'alimentation et le contrôle de la reproduction sont assez précaires. Ainsi, la maitrise de la reproduction passe par l'application de techniques modernes appelées biotechnologies. L'adoption massive de ces techniques est fonction des outils de contrôle tels que l'échographie.

L'échographie, est unetechnique non invasive, pratique et à utilisation polyvalente. En production animale, elle est non seulement appliquée au constat de gestation mais aussi à la détermination du sexe et du nombre de fœtus (Erdogan, 2012; Karen et *al.*, 2014; Kandiel et *al.*, 2015), au diagnostic de la vitalité foetale (Samir et *al.*, 2016). Chez la chèvre très peud'informations scientifiques existent sur le développement embryonnaire et fœtal.

Dans cette étude, la chronologie des séquences du développement embryonnaire et fœtal a été suivie par échographie afin de compléter les observations post-mortem rapportées sur des fœtus de chèvres rapportées par Sivachelvan et *al.* (1996) et par Waziri et *al.* (2012).

Les résultats obtenus ont montré que les caractéristiques initiales d'une gestation chez la chèvre du sahel sont marquées par une augmentation du diamètre de la corne gestante et la présence d'une vésicule sombre contenant un embryon filamenteux. Des observations similaires ont été rapportées chez les ovins de race Alpine par Doize*et al.* (1997). L'aspect filamenteux de l'embryon résulterait du processus d'élongation du blastocyste juste avant son implantation (Suguna et *al.*, 2008). Le délai d'apparition a été significativement plus précoce chez les femelles primipares que multipares (P<0,05). Cette différence serait liée à une modification anatomo-morphologique de l'appareil génital sous la pression des gestations antérieures qui plonge l'utérus dans la cavité abdominale. Dans le même sens, certains auteurs ont rapporté une baisse de la sensibilité de la technique échographique appliquée au constat de gestation avec l'augmentation de l'âge de la brebis (Karen et *al.*, 2004) et les chèvres (Karen et *al.*, 2014). La mise à jeun des animaux, le soulèvement de l'abdomen au cours de l'examen transrectal corrigent les effets de la parité (Karen et *al.*, 2014).

Les caractéristiques de l'embryon observées à J24 chez la chèvre du sahel correspondent à celles déjà rapportées par Medan et *al.* (2004). La forme discontinue de l'embryon traduirait une métamérisation et une symétrisation apparente assimilable à l'organisation du corps, aux ébauches des membres et de la tête. Les battements cardiaques ont été observés à J28. Cette date s'inscrit dans la fourchette 19 et 28jours de gestation rapportée dans la littérature sur les races caprines d'Europe et d'Asie (Medan et *al.*,2004, Padilla-Rivas et *al.*, 2005 ; Suguna et *al.*, 2008). Bien que les battements du cœur soient perceptibles, les différentes cavités du cœur ne sont pas nettement observables à l'échographie à 28jours comme rapporté par Suguna et *al.* (2008).

Le cordon ombilical a été observé à J28 avec un diamètre moyen de 2,91 ± 0,94 mm comme déjà rapportées par Kandiel et *al.* (2015) chez les chèvres Shiba. Le cordon ombilical a une structure anatomique particulière qui le rend facilement observable à l'échographie. A J30, l'embryon est détaché de la paroi de l'utérus et la membrane amniotique est bien individualisée. Des observations similaires ont été rapportées par Raja et *al.* (2011) chez la chèvre. A cette date, l'embryon présente une forme recourbée, la tête individualisée et différenciée du reste du corps par un étranglement. Des résultats similaires (J31) ont été observés chez les brebis par Valasi et *al.*(2017).

Les placentômes ont été observés dans l'intervalle [36 – 42] jours de gestation avec un diamètre moyen de 7,23 ± 1,1 mm. Ces données ont été incluses dans la fourchette de 34 à 42 jours de gestation déjà rapporté chez la chèvre (Medan et *al.*, 2004 ; Suguna et *al.*, 2008 ; Kandiel et *al.*, 2015 ;) et la brebis (Jones et *al.*, 2016 ; Ali et Hayder, 2007). Toutefois, des délais précoces ont été observés chez d'autres races caprines (28, 32, 34 jours) respectivement par Karen et *al.* (2009), Doizé et *al.* (1997), Medan et *al.* (2004). Ces différences observées peuvent être attribuées à l'effet race (Karen et *al.*, 2009) et par d'autres facteurs pouvant influencer la qualité de l'observation échographique tels que l'âge de la femelle gestante, la fréquence de la sonde, la voie d'examen et la technicité de l'opérateur. Les caractéristiques morphologiques des placentômes décrites par échographie sont identiques à celles visuelles directes après l'abattage (Igwebuike et Ezeasor, 2013). Les placentômes résultent de l'interdigitation entre les cotylédons avec les caroncules utérines afin de faciliter les échanges fœto-maternelles (; Martinez et *al.*, 1998 ; Igwebuike et Ezeasor, 2013).

Le suivi par échographie de la séquence de l'ossification du fœtus de chèvre est très important pour détecter les anomalies de développement. Jadis étudiée par radiographie, la technique échographique est devenue la méthode alternative fiable et non invasive pour détecter et suivre la séquence de l'ossification de l'embryon et du fœtus chez l'Homme (Zalen-sprock et *al.*, 1997). Dans cette étude, la première structure osseuse observée est le crâne muni des orbites et a été observé en moyenne à J39. Cette observation confirmerait les données post-mortem qui rapportent que l'ossification débute par la formation de la voûte crânienne ou calvarium à partir du jour 42 (Sivachelvan et *al.*, 1996 ; Waziri et *al.*, 2012). Une date plus précoce a été trouvée chez la brebis (36 jours)Valasi et *al.* (2017) et plus tardive chez les ovins de races Ossimi (44jours) (Ali etHayder, 2007).Le calvarium est un os de forme circulaire au départ, ovale bilobée et hyperéchogène vers le 55ème jour de gestation comme déjà rapporté par Valasi et *al.*(2017) par échographie chez les moutons. Les centres ossifications des membres ont été mis en évidence en moyenne à partir du 40ème et le 42ème jour respectivement pour les membres postérieurs et antérieurs. Ces structures ont été observées au 36ème jour chez les ovins par (Valasi et *al.*, 2017). Cette différence pourrait s'expliquer par l'effet espèce et l'effet opérateur. Les os longs tels que l'humérus, le fémur et le tibia ont été observés respectivement 48, 50 et 52 jours d'âge. Chez les ovins des observations similaires ont été rapportées (Ali et Hayder, 2007; Jones et *al.*, 2016 ; Valasi et *al.*, 2017).

Par radiographie, la séquence chronologique d'apparition des os pelviens et thoraciques chez la chèvre en Inde (Parmar et *al.*, 2009ab) est de 49 jours post-saillies. Les tailles de ces structures osseuses correspondent aux observations déjà rapportées chez d'autres races caprines (Khojasteh, 2012). Cependant, de légères différences existent entre la technique radiographique et celle échographique sur la détection, la netteté et la précocité dans le suivi de l'ossification. En effet, les petits os des membres antérieurs et postérieurs ne sont pas identifiables nettement par échographie tandis qu'ils sont bien individualisés par radiographie (Parmar et *al.*, 2009ab). Aussi, la méthode échographique détecterait plus tôt les centres d'ossification que la radiographie comme déjà observé chez l'Homme (Zalen-sprock et *al.*, 1997). En somme, nos observations ont été plus tardives que celles rapportées chez les ovins et les caprins (Youssef et *al.*, 2016).

Ces données de cette partie permettront de raffiner l'utilisation de l'échographie au suivi de la gestation chez la chèvre. En outre, elle permettrait de détecter les anomalies de croissance afin de décider de la conduite clinique à tenir. Les résultats de cette étude constituent pourles techniciens et pour les producteurs, des guides pour la définition des périodes propices du constat de gestation, du dénombrement et de la détermination du sexe.

Les résultats de la biométrie fœtale ou foetométrie chez la chèvre du Sahel sont prochesdes données déjà rapportées chez d'autres races caprines (Martinez et *al.*,1998 ; Padilla-Rivas et *al.*, 2005). La longueur de l'embryon croît significativement au cours du premier tiers de la gestation (Abubakar et *al.*, 2016 ;Karadaev et *al.*, 2016). Elle est fortement corrélée (R=0,89) avec l'âge de la gestation et est mesurable avant soixante jours, mais inaccessible au-delà à cause de la forme recourbée du fœtus.

Le diamètre des placentômes est moyennement corrélé avec l'âge de la gestation (R=0,64, r^2= 0,47) comme observé chez d'autres races de chèvres (R = 0,45 ; R = 0,33) (Lee et *al.*, 2005 ; Nwaogu et *al.*, 2010) et contraire aux observations (R^2 = 0,86 ; R^2= 0,99) (Karen et *al.*, 2009 ; Waziri et *al.*, 2017 ; Yazici et *al.*, 2018). Ces observations contradictoires sur les placentômes entre les différentes études peuvent s'expliquer par la disparité de la taille des placentômes en fonction de leur position dans l'utérus. Ainsi, le diamètre des placentômes est un mauvais estimateur de l'âge de la gestation chez la chèvre (Doizé et *al.*, 1997) surtout au stade avancé. L'augmentation de la taille du fœtus au cours du dernier tiers de la gestation serait à l'origine de l'épaississement des placentômes (Doizé et *al.*,1997 ; Waziri et *al.*, 2017). Les diamètres du cordon et du bipariétal (p≤0,0001)évoluent significativement en fonction de l'âge. Le diamètre bipariétal croît selon une régression linéaire avec forte corrélation avec l'âge de la gestation (r=0,94 ; R^2=0,89) (Karen et *al.*, 2009 ; Yaseen, 2017 ; Yazici et *al.*, 2018). Une forte corrélation (r=0,93 ; R^2=0,86) a été observée entre la croissance du diamètre du cordon ombilical comme déjà rapporté chez d'autres races caprines (Kandiel et *al.*, 2015 ; Yazici et *al.*, 2018). Le cordon ombilical est un organe très accessible sur une grande période de la gestation d'où il peut être utilisé pour la prédiction de la date de mise-bas chez les chèvres.

Dans les élevages extensifs et semi-intensifs, les mâles et les femelles sont conduits ensemble rendant difficiles l'identification des chaleurs et l'enregistrement des saillies. L'estimation correcte de l'âge de la gestation est très utile pour une gestion appropriée des troupeaux (Erdogan, 2012). Elle permet de détecter les retards de croissances fœtales (Lee et *al.*, 2005), de faciliter la prise des mises bas selon les situations (Karen et *al.*, 2009), de bien planifier le tarissement et l'alimentation des femelles gestantes (Doizé et *al.*, 1997). La présente étude a utilisé les paramètres biométriques (bipariétal, cordon ombilical et les placentômes) pour estimer la date de la parturition chez la chèvre en milieu d'élevage. Les résultats obtenus rapportent l'aptitude de chacun des paramètres à estimer l'âge de la gestation et de prédire la date approximative de la mise bas.

Les placentômes sous-estiment l'âge de la gestation et donnent des prédictions dont plus de 60 % mettent bas au-delà d'une semaine d'écart. Pour améliorer la précision du diamètre des placentômes, Adeyinka et *al.* (2014) ont recommandé de fixer les placentômes à suivre notamment ceux qui sont situés à la base de la corne utérine gestante (très près du cervix). Le diamètre bipariétal prédit la date de parturition avec une erreur de ±7jours (64 %), ±14jours (92 %) chez la chèvre du Sahel du Burkina Faso. Ces résultats montrent que le diamètre bipariétal est un estimateur fiable de l'âge de la gestation chez les chèvres en milieu d'élevage.

Cependant, au-delà de 100jours de gestation, la précision du diamètre bipariétal baisse à cause des difficultés de l'observation de la tête entière à ce stade (Haibel, 1988, Yaseen, 2017 ; Yazici et *al.*, 2018). Les précisions du cordon ombilical de la chèvre du Sahel sont bonnes soient 58,06 % et 85,48 % respectivement pour les approximations de ±7jours et ±14jours. Ces résultats confirment les recommandations formulées sur son utilisation dans la prédiction de la date de parturition chez la chèvre (Yazici et *al.*, 2018 ; Kandiel et *al.*, 2015 ; Lee et *al.*, 2005).

La détermination du sexe du fœtus *in utero* permet d'apporter de la valeur ajoutée à la femelle gestante. Dans cette étude, le temps d'apparition du tubercule génital et ses caractéristiques sont semblables à ceux déjà rapportés chez d'autres races caprines et ovines et d'autres races caprines (Azevedo et *al.*, 2009a; Neto et *al.*, 2010).Le tubercule génital est la structure qui évolue pour donner soit le clitoris, soit le pénis. Sa position finale est très importante pour la détermination du sexe avant 50 jours de gestation (Amer, 2010). Les autres structures telles que les bourgeons mammaires, le prépuce, les testicules et la vulvesont bien identifiables au-delà du 55ème jour de gestation. Ces données constituent de précieux repères aux techniciens pratiquant la détermination du sexe fœtal par échographie chez la chèvre.

La sensibilité globale de l'échographie appliquée à la détermination du sexe chez la chèvre *in vivo* est de 83,11 % (64/77). L'analyse comparative de la sensibilité en fonction du sexe fœtal a montré une différence non significative contrairement aux observations faites par Zongo et *al.* (2014) chez la même race. Cela pourrait s'expliquer par la différence des organes examinés (vivant ou non-vivant). *In vivo*, les organes vivants présentent des caractéristiques spécifiques facilitant leur distinction comparativement aux organes morts (observation *in vitro)*. La sensibilité baisse avec l'augmentation de la taille de la portée. Il serait judicieux de répéter les examens en cas de gestation multiple comme recommandé chez les petits ruminants par Burstel et *al.* (2002). La valeur prédictive pour la détermination du sexe a été plus élevée (P≤0,05) chez le sexe mâle (85,36 %) par rapport au sexe femelle (78,37%).L'influence du stade gestationnel sur la sensibilité de la méthode échographique appliquée a montré une différence significative. L'exactitude est plus élevée pour la tranche d'âge (50 - 65) par rapport aux autres. Cette observation pourrait s'expliquer par le développement des organes génitaux externes (vulve, pénis, bourgeons mammaires) facilitant ainsi la détermination du sexe fœtal et la grande mobilité du fœtus. Santos et *al.*(2006) ont recommandé la détermination du sexe chez les chèvres après le 55ème jour de gestation afin de minimiser les risques liés à la non identification du tubercule génital. Cependant, la faible sensibilité au stade tardif peut se justifier par la grande taille du fœtus, les interférences entre les organes fœtaux et les structures placentaires rendant difficile la différenciation du sexe.

Dans cette étude, la valeur prédictive pour la détermination du sexe a été plus élevée (P≤0,05) chez le sexe mâle (85,36 %) par rapport au sexe femelle (78,37 %). Des différences de variation similaire ont été rapportées par Zongo et *al.*(2014)*in vitro* chez la même race. Cette observation pourrait s'expliquer par le plan de coupe longitudinale qui est facile à réaliser *in vivo* et permet une vue ventrale nette et propice à l'identification du pénis près du cordon ombilical et des testicules entre les pattes postérieures comme signaler préalablement chez les ovins et caprins par Azevedo et *al.*(2009b). Aussi, les positions obstruées (entre les pattes postérieures et sous la queue) des organes génitaux externes femelles (vulve et bourgeons mammaires) rendent leur observation difficile en échographie.

Les faibles sensibilités et valeur prédictive femelle observée dans la voie transabdominale contrairement en transrectale seraient dues au plan de coupe transversale ou sagittale. Les coupes sagittales sont faciles à réaliser en transabdominale et seraient inappropriées pour la détermination du sexe femelle. Cette variabilité peut être supprimée en adoptant des plans de coupe spécifiques (longitudinal pour le sexe mâle, sagittal pour la femelle) chez les ovins et caprins par Azevedo et *al.*(2009b).

CONCLUSIONGENERALE ET PERSPECTIVES

Au terme de cette étude, il s'avère que l'échographie constitue un outil important dans la conduite de la reproduction caprine. Son application au contrôle de la gestation contribue à améliorer la rentabilité économique des élevages en fournissant les informations nécessaires à une gestion efficiente de l'alimentation et de la reproduction.

Appliquée au suivi du développement embryonnaire, elle permet de définir les critères et les périodes post-saillies propices au constat précoce de gestation, au dénombrement de fœtus, la détermination du sexe du fœtus. Aussi, elle a permis de déterminer la chronologie d'apparition de certaines caractéristiques du développement embryonnaire (sac embryonnaire, embryon, les membres, amnios, les placentômes, le cœur, les battements cardiaques, les yeux, les oreilles, l'ossification).Toutefois, certains organes tels que le rein, les poils, les veines, la pigmentation du corps, les poumons, la rate, le foie du fœtus n'ont pu être observés à l'échographie. Des études ultérieures approfondies en utilisant d'autres techniques telles que les coupes histologiques et l'échographie doppler seront nécessaires pour mieux appréhender la chronologie du développement de ces organes.

La connaissance du statut gestationnel réduit les abattages de femelles gestantes, permet de détecter les saillies ou inséminations artificielles infructueuses, etla remise précoce en reproduction des femelles non gestantes. Aussi, la détermination des caractéristiques du développement embryonnaire et fœtal ont permis de définir les critères et les périodes propices pour la détermination du sexe et le dénombrement fœtal *in vivo*. Ces deux applications de l'échographie apportent une valeur ajoutée à la femelle gestante et facilite la gestion du troupeau.

La biométrie fœtale apporte les informations sur l'âge et le poids du fœtus intra-utérin. Elle a permis de déterminer les meilleurs estimateurs (cordon ombilical et le diamètre bipariétal) du stade de la gestation parmi les paramètres fœtaux les plus facilement accessibles. Toutefois, les placentômes peuvent être utilisés dans la détermination du stade gestationnel avant les quatre-vingt premiers jours de gestation. Les chartes gestationnelles obtenues sont d'une grande utilité pratique pour les techniciens et les producteurs de nos systèmes d'élevage extensif où les femelles et mâles sont conduites ensemble, et les saillies ne sont pas toujours observées et enregistrées. L'adoption de l'échographie à la détermination du stade de la gestation, permettra aux producteurs de regrouper les animaux en fonction de leurs statuts physiologiques, de réaliser le tarissement des femelles à des périodes adéquates, de suivre la ration des femelles gestantes et de mieux planifier les interventions sanitaires, de dépister les anomalies de croissance et de préparer la parturition afin d'éviter les dystocies.

La détermination du sexe fœtal *in vivo* a été possible par échographie grâce à l'identification des organes génitaux externes ou la position du tubercule génital. La sensibilité a varié en fonction du stade gestationnel, de la voie d'examen et de la taille de la portée. Il sera judicieux de répéter les examens en cas de gestation multiple et de raser les poils pubiens en examen transabdominal. Bien que la voie transrectale donne une bonne sensibilitédans la détermination du sexe *in vivo*, elle est peu recommandable en routine à cause des risques blessures ou de traumatisme rectal et utérin.

Cette étude a exploré sur l'utilisation de l'échographie dans la dynamique de la gestation excepté les pathologies de la gestation (la pseudogestation, la mortalité embryonnaire et fœtale, hydropisies des membranes fœtales). Cependant des études approfondies et à grande échelle en associant les analyses d'hormones méritent d'être entreprises afin de déterminer la prévalence de ces pathologies, leurs causes et les différents facteurs d'influence.

Par ailleurs, l'échographie offre la possibilité de multiplier les recherches dans l'application des biotechnologies de la reproduction telles que l'insémination artificielle et le transfert d'embryon. Dans l'insémination artificielle, elle permet de déterminer le taux d'ovulation, le moment optimal de la fertilisation. Quant au transfert d'embryon, elle facilite la ponction échoguidée des ovocytes et de la collecte des embryons. En Afrique Subsaharienne, ces techniques modernes de reproduction sont toujours au stade embryonnaire d'où la nécessité de disponibiliser des informations sur les caractéristiques physiologiques de races locales.

REFERENCES
BIBLIOGRAPHIQUES

Ababneh M. M., Degefa, T. J., 2005.Ultrasonic assessment of puerperal uterine involution in Balady goats. *J Vet. Med. A: Physiol. Pathol. Clin. Med.*, **52**, 244–428.

Abubakar F., Kari A., Ismail Z., Baba A.R., Usman T.H., 2016. Accuracy of transrectal ultrasonography: In estimating the gestational age of Jamnapari goats. *Malays Appl. Biol.,***45**, 49–54.

Adeyinka F. D., Laven R. A., Lawrence K. E., van Den Bosch M., Blankenvoorde G. et Parkinson T. J., 2014. Association between placentome size, measured using transrectal ultrasonography, and gestational age in cattle. *The New Zealand Vet. J.*, **62**(2), 51-56.

Alexandre G., Mandonnet N., 2005. Goat meat production in harsh environments. *Small Rumin. Res.*, **60** (1-2), 53-66.

Ali A., Hayder M., 2007. Ultrasonographic assessment of embryonic, fetal and placental development in Ossimi sheep. *Small Rumin. Res.,***73**, 277–282.

Almubarak A. M., Abass N.A., Badawi M.E., Ibrahim M.T., Elfadil A. A., Abdelghafar R.M., 2018. Pseudopregnancy in goats: Sonographic prevalence and associated risk factors in Khartoum State, Sudan, *Vet. World*, **11** (4), 525-529.

Amer H., 2010. Ultrasonographic assessment of early pregnancy diagnosis, fetometry and sex determination in goats. *Anim. Reprod. Sci.,***117** (3-4), 226-231.

Ayad A., Sousa N. M., Hornick J. L., Touati K., Iguer-Ouada M., Beckers J. F., 2006. Endocrinologie de la gestation chez la vache : signaux embryonnaires , hormones et protéines placentaires. *Ann. Méd. Vét.,***150**, 212-26.

Azevedo E. M. P., Aguiar Filho C. R., Freitas Neto L. M., Rabelo M. C., Santos M. H. B., Lima P. F., Freitas V. J. F., Oliveira M. A. L, 2007a. Ultrasound fetal measurement parameters for early estimate of gestational age and birth weight in ewe. *Med. Vet.,***1** (30), 56-61.

Azevedo E. M. P., Filho C. R. A., Freitas N. L. M., Moura R. T. D., Santos J. E. R., Santos M. H B., Lima P. F., Oliveira M. A. L., 2009b. Ultrasonographic scan planes for sexing ovine and caprine fetuses. *Med. Vet.,***3** (2), 21-29.

Azevedo E.M.P., Santos M. H. B., Filho C.R. A., Neto L. M. F., Bezerra F. Q. G. , Neves J. P. , Lima P.F., Oliveira M. A. L. , Pir E.M., Lima P. F., Oliveira M. A. L. 2009c. Migration time of the genital tubercle in caprine and ovine fetuses : comparison between breeds, sexes and species. *Acta Vet. Hungarica,***57** (1), 147-54.

Baah J., Tuah A.K., Addah W., Tait R.M., 2012. Small ruminant production characteristics in urban households in Ghana. *Livest. Res. Rural Dev.,***24** (5), 86 - 91.

Badawi M. E., Makawi S. E. A., Abdelghafar R. M., Ibrahim M. T., 2014. Assessment of postpartum uterine involution and progesterone profile in Nubian goats (*Capra hircus*). *J. Adv. Vet. Anim. Res.*, **1**(2), 36-41.

Baril G., Guignot F., Baril G., Guignot F., 2010. Production d ' embryons *in vivo* et transfert chez les petits ruminants : synthèse des applications / résultats selon les races, *Renc. Rumin.,***17**, 153-156.

Baril G., Chemineau P., Cognie Y., Guerin Y., Leboeuf B., Orgeur P., Vallet J C., 1993. *Manuel de formation pour l'insémination articielle chez les ovins et les caprins*. FAO. Production et santé animale (Rome), **83**, 183p.

Baril G., Touze J.L., Pignon R., Fontaine J., Saumande J., 1999. Utilisation de l'échographie pour suivre l'activité ovarienne chez la chèvre. *Revue Méd. Vét.,***150**, 261-264.

Baril G., Touze JL., Pignon R., Saumande J., 2000. Evaluation of the efficiency of transrectal ultrasound to study ovarian function in goats. *Theriogenology*, **53,** pp370.

Barna T., Apić J., Bugarski D., Maksimović N., Mašić A., Novaković Z., Milovanović A., 2017. Incidence of hydrometra in goats and therapeutic effects. *Arhiv Vet. Med.,***10** (1), 13 – 24.

Bayer W., Lossau A. V. et Schrecke W., 1999. Elevage et environnement dans les régions sèches. *Agric. Dév. Rural*, **1**(99), 47 - 50.

Beduin I. A., Ngona J. M., Khang Maté A. B. F, Hanzen C., 2007. Etude descriptive des caractéristiques morphométriques et génitales de la chèvre de Lubumbashi en République démocratique du Congo. *Rev. Elev. Med. Vet. Pays Trop.,***65** (3-4), 75-79.

Boin E. M., 2001. *Atlas d'échographies en gynécologie bovine*. Thèse de Doct. Vet., Fac.Med./Créteil, ENV/Alfort, 146p.

Bokko P. B., 2011. Pregnancy Wastage in Sheep and Goats in the Sahel Region of Nigeria. *Nigerian Vet. J.*, **32**(2), 120 – 126.

Bouttier A., Pignon R., Touze J. L., Furstoss V., Baril G., 2000. Détermination du moment optimum au cours du cycle sexuel pour dénombrer les corps jaunes par échographie transrectale chez la chèvre. *Renc. Rech. Rumin., Paris, p244.*

Boyazoglu J., Hatziminaoglou I., Morand-fehr P., 2005. The role of the goat in society : Past, present and perspectives for the future. *Small Rumin. Res.,***60**, 13-23.

Brice G., Leboeuf B., Broqua C., 2003. La pseudogestation chez la chèvre laitière. *Le Point Vet.*, **237**, 50-52.

Burstel D., Meinecke-Tillman S., Meinecke B., 2002. Ultrasonographic diagnosis of fetal sex in small ruminants bearing multiple fetuses. *Vet. Record,* **151**, 635-636.

Calais M. I. E., Dreno C. M., 2004. *L ' echographie en gynecologie bovine , ovine et caprine : realisation d ' un CD-ROM didactique.* Thèse de doctorat vétérinaire. Ecole Nationale Vétérinaire d'Alfort. Faculté de Médecine de Créteil, 225p.

Chukwuka O.K., Okoli I.C., Okeudo N.J., Opara M.N., Herbert U., Ogbuewu I.P., Ekenyem B.U., 2010. Reproductive potential of West African dwarf sheep and goat : a review. *Res. J. Vet. Sci.,* **3** (2), 86-100.

Clément J. P., Poivey O., Faugère V., Tillard E., Bibé B., Lancelot R., Gueye A., Richard D., 1997. Etude de la variabilité des caractères de reproduction chez les petits ruminants en milieu d ' élevage traditionnel au Sénégal . *Rev. Elev. Med. Vet. Pays Trop.* **50** (3), 235-249.

Cros N., 2005. *Le détermination du sexe du fœtus par echographie chez la vache : etude de l'utilisation pratique sur le terrain.* Thèse de doctarat vétérinaire, Université CLAUDE-BERNARD – LYON I, 158p.

Dawson L. J., Sahlu T., Hart S. P., Detweiler G., Gipson T. A., The T. H., Henry G. A., Bahr R. J., 1994. Determination of fetal numbers in Alpine does by real-time ultrasonography. *Small Rumin. Re*., **14** (3), 225-231.

Dervishi E., Sánchez P., Alabart J. L., Cocero M. J., Folch J., Calvo J. H., 2011. A suitable duplex PCR for ovine embryo sex and genotype of PrnP gene determination for MOET-based selection programmes. *Reprod. in Domestic Anim.,* **46** (6), 999-1003.

Descôteaux L., Collonton J., Gnemmi G., 2010. *Practical atlas of ruminant and camelid reproductive ultrasonography.* Eds Blackwell, 228p.

Djakba A., 2007.*Evaluation des parametres de reproduction chez la chevre du sahel inseminee artificiellement dans la region de fatick.* Thèse de doctorat, Ecole Inter-etats des Sciences et Médécine Vétérinaires (E.I.S.M.V.), Dakar, 109p.

Doizé F., Vaillancourt D., Carabin H., Bélanger D., 1997. Determination of gestational age in sheep and goats using transrectal ultrasonographic measurement of placentomes. *Theriogenology* **48** (3), 449-460.

Erdogan G., 2012. Review Article : Ultrasonic Assessment During Pregnancy in Goats – A Review. *Reprod. in Domestic Anim.,* **47**, 157-163.

Fabre-nys C., 2000. Le comportement sexuel des caprins : contrôle hormonal et facteurs sociaux. *INRA Prod. Anim.,* **13** (1), 11-23.

Fasulkov I. R., 2012. Ultrasonography of the mammary gland in ruminants: A review. *Bulgarian J. of Vet. Med.,* **15** (1), 1-12.

Gayrard V., 2007. *Physiologie de la reproduction des mammiferes. Interactions.* Thèse de Doctorat, Ecole Nationale Vétérinaire de Toulouse, 198p.

Gnanda B. I., Zoundi S. J., Nianogo J. A., Meyer C., Zono O., 2005. Test d ' un complément minéral et azoté sur les paramètres de reproduction de la chèvre du Sahel burkinabé. *Rev. Elev. Med. Vet. Pays Trop.,* **58** (4), 257 - 265.

Gnanda I. B., 2008. *Importance socio-économique de la chèvre du Sahel burkinabè et amélioration de sa productivité par l'alimentation.* Thèse Doctorat, Univ. Polytech. Bobo-Dioulasso, 198p.

Gnanda I. B., Nianogo A. J., Zoundi J. S., Faye B., 2008. Effet d'une complementation energetique en periode humide sur la production laitiere. *Agron. Afric.,* **20** (1), 109-118.

Gnanda B. I., Nianogo J. A., Zoundi S. J., Sanou-Ouédraogo G. M. S. , Faye B. , Meyer C., Sanou S., Zono O., 2009. Relation entre état nutritionnel , avortements et fertilité de la chèvre du Sahel burkinabé. *Rev. CAMES - Série A, Sci. et Méd. Relation.,* **09** (4), 104-106.

Gnanda B. I., Wereme N'Diaye A., Sanon H. O., Somda J., Nianogo J. A., 2016. Rôle et place de la chèvre dans les ménages du Sahel burkinabè. *Tropicultura,* **34** (1), 10-25.

Gonzalez de Bulnes A, Santiago Moreno J., LópezSebastián A., 1998. Estimation of fetal development in Manchega dairyewes by transrectal ultrasonographic measurements. *Small Rumin. Res.,* **27**, 243 – 250.

Gonzalez F., Cabrera F., Batista M., Rodriguez N., lamo D., Sulon J., Beckers J. F., Gracia A., 2004. A comparison of diagnosis of pregnancy in the goat via transrectal ultrasound scanning, progesterone, and pregnancy-associated glycoprotein assays . *Theriogenol.,* **62** (6), 1108-1115.

Gonzalez-Bulnes A., Pallares P., Vazquez M. I., 2010. Ultrasonographic imaging in Small Ruminant Reproduction. *Reprod. Dom. Anim.* **45** (2), 9–20,

Grizelj J., Vince S., Samardzija M., Gonzalez de Bulnes A., Dovenski T., Turmalaj L., Zevrnja B., 2013. Use of ultrasonography to detect ovarian response in goats submitted to multiple ovulation and embryo transfer program. *Vet. Archiv,* **83**,

125-134.

Gueye A., 1997. *Moutons et chèvres du Sénégal : caractérisation morpho-biométrique et typage sanguin.* Thèse de Doct. Vét., Ecole Inter-Etats des Sciences et de Médécine Vétérinaire (EIESMV), Dakar, 79p.

Hadlock F. P. M.D., Harrist R. B., Shah Y. P., David E M.D., King M.D., Seung K. P, M.D., Ralph S. Sharman, M.D., 1987. Estimating fetal age using multiple parameter: A prospective evaluation in a racially mixed population. *American J. Obstet. Gynecol.,* **156,**955-957.

Haenlein G.F.W., 2004. Goat milk in human nutrition. *Small Rumin. Res.,* **51**, 155–163.

Haibel G.K., 1988. Real-time ultrasonic fetal head measurement and gestational age in dairy goats. *Theriogenology,* **30**, 1053-1057.

Hanzen C., 2011.*Applications de l'échographie à la reproduction des ruminants.* Document de cours en ligne, Université de Liège, 30p. Site : http://www.therioruminant.ulg.ac.be/index.html. (Consulté le 12/02/2019)

Hanzen C., Pieterse M., Scenczi O., Drost M., 2000. Relative accuracy of the identification of ovarian structures in the cow by ultrasonography and palpation per rectum 2 . Palpable and ultrasonographical characteristics of physiological and pathological. *The Vet. J.,* **159**, 161-170.

Haro M., Zongo M., Bazie A., Pitala W., Sanou D. S., Belemtougri R., 2017. Imagerie échographique de la glande mammaire de la chèvre en lactation. *Int. J. Biol. Chem. Sci.,***11**(3), 1307-1314.

Harouna S., 2014. *Caractéristiques du cycle oestral de deux races caprines du Niger : la chèvre du Sahel et la chèvre rousse de Maradi.* Mémoire Master, Ecole Inter-etats des Sciences et Médécine Vétérinaires (E.I.S.M.V.) N°**09**, 43p.

Hesselink J. W., Elvin L., 1996. Pedigree analysis in a herd of dairy goats with respect to the incidence of hydrometra. *Vet. Quartenary,* **18**, 24–25.

Hesselink J. W., Taverne M. A. M., 1994. Ultrasonography of the uterus of the goat. *Vet. Quarterly,***16** (1), 41-45.

Igwebuike U. M., Ezeasor D. N., 2013. The morphology of placentomes and the morphology of placentomes and formation of chorionic villous trees in West African Dwarf goats (Capra hircus). *Vet. Arhiv.* **83**: 313-321.

Ishwar A. K., 1995. Pregnancy diagnosis in sheep and goats: a review, *Small Rumin. Res.*, **17**(1), 37-44.

Ivars J., Houfflin-Debarge V., Vaast P., Deruelle P., 2010. Précision de l'estimation du poids fœtal par l'échographie dans les grossesses gémellaires. *Gynéco. Obsté. And Ferti.,* **38** (12), 740-746.

Jones A. K., Rachael E., Katelyn K. G., Fadden M., Steven A. Z., Kristen E. G., Sarah A. R., 2016. Transabdominal ultrasound for detection of pregnancy, fetal and placental landmarks, and fetal age before Day 45 of gestation in the sheep. *Theriogenol.*, **85,** 939 – 945.

Jones A. K., Sarah A. R., 2017. Benefits of ultrasound scanning during gestation in the small ruminant. *Small Rumin. Res.,* **149**, 163-171.

Jonker F. H., 2004. Fetal death : comparative aspects in large domestic animals. *Anim. Reprod. Sci.,* **83**, 415-430.

Kaboré A., Tamboura H. H., Adrien M., Belem G., Traore A., 2007. Traitements ethno-vétérinaires des parasitoses digestives des petits ruminants dans le plateau central du Burkina Faso. *Int. J. Biol. Chem. Sci.* **1** (3), 297-304.

Kaboré A., Traoré A., Gnanda B. I., Nignan M., Tamboura H H., Belem A. M. G., 2011. Constraints of small ruminant production among farming systems in periurban area of Ouagadougou, Burkina Faso (West Africa). *Adv. in Applied Sci. Res.,* **2** (6), 588-594.

Kaboré A., Traoré A., Nikiéma P. L., Tamboura H. H., Belem A. M. G., 2012. Zootechnical performances of Red Maradi goats in farming systems of central region, Burkina Faso (West Africa). *Herald J. of Agric. and Food Sci. Res.*, **1** (3), 038 - 043.

Kadivar A., Hassanpour H., Mirshokraei P., Azari M., Gholamhosseini K., Karami A., 2013. Detection and quantification of cell-free fetal DNA in ovine maternal plasma; use it to predict fetal sex. *Theriogenology,* **79** (6), 995-1000.

Kandiel M. M. M., Watanabe G., Taya K., 2015. Ultrasonographic assessment of fetal growth in miniature "Shiba" goats (Capra hircus). *Anim. Reprod. Sci.,* **162**, 1-10.

Kanuya N. L., Kessy B. M., Bittegeko S. B. P., Mdoe N. S. Y., Aboud A. O., 2000. Suboptimal reproductive performance of dairy cattlekept in smallholder herds in a rural highland area of northern Tanzania. *Prev. Vet. Med.,* **45**, 183-192.

Karadaev M., Fasulkov I., Vassilev N., Petrova Y., TumbevA., Petelov Y., 2016. Ultrasound monitoring of the first trimester of pregnancy in local goats through visualisation and measurements of some biometric parameters. *Bulg. J. Vet. Med.,* **19**

(3), 209–217.

Karen A., Kovacs P., Beckers F. J., Szenci O., 2001. Pregnancy diagnosis in sheep. Review of the most practical methods. *Acta Veterinaria (Brno)*, **70**, 116-126.

Karen A., Szabados K., Reiczigel J., Beckers J. F., Szenci O., 2004. Accuracy of transrectal ultrasonography for determination of pregnancy in sheep: effect of fasting and handling of the animals. *Theriogenology*, **61**, 1291–1298.

Karen A. M., El-Sayed M. F., Saber S.A., 2009. Estimation of gestational age in Egyptian native goats by ultrasonographic fetometry. *Anim. Reprod. Sci.,***114** (1-3), 167-74.

Karen A., Samir H., Ashmawy T., El-Sayed M., 2014. Accuracy of B-mode ultrasonography for diagnosing pregnancy and determination of fetal numbers in different breeds of goats. *Anim. Reprod. Sci.,***147** (1-2), 25-31.

Khojasteh S. M. B., 2012. Prenatal development of Iranian goat fetuses. *Intl. Res. J. Appl. Basic. Sci.*, **3** (10), 2022-2024.

Koanda S., 2005.*Possibilites d'amelioration de la production laitiere caprine dans le nord du burkina faso*. Mémoire Master, Université de Liège, 92p.

Koker A., Ince D., Sezik M., 2012. The accuracy of transvaginal ultrasonography for early pregnancy diagnosis in Saanen goats: A pilot study. *Small Rumin. Res.,***105** (1-3), 277 - 281.

Kouamo J., Sow A., Kalandi M., Sawadogo G. J., 2014. Sensitivity , specificity , predictive value and accuracy of ultrasonography in pregnancy rate prediction in Sahelian goats after progesterone impregnated sponge synchronization. *Vet. World*, 7(9), 744-748.

Koussou M., Bourzat D., 2012. Aptitude laitière de la chèvre du Sahel tchadien: facteurs de variation et influence sur la croissance des jeunes en milieu réel. *Livest. Res. Rural Dev.,***24** (11), 203. 12p.

Lawrence K. E., Adeyinka F. D., Laven R. A., Jones G., 2016. Assessment of the accuracy of estimation of gestational age in cattle from placentome size using inverse regression. *The New Zealand Veterinary Journal,* **9**(4), 1-5.

Lebbie S. H. B., 2004. Goats under household conditions. *Small Rumin. Res.,***51** (2), 131-136.

Leboeuf B., Renaud G., De Fontaubert Y., Broqua B., Chemineau P., 1994. Echographie et pseudogestation chez la chèvre. *7th Inter. Meeting on Animal Reprod.*

Murcia, Espagne, 6-9 juillet, pp 251-255.

Leboeuf B., Delgadillo J. A., Manfredi E., Piacere A., Clement V., Martin P., Pellicer-Rubio M. T., Boué P., Cremoux R., 2008. Place de la maîtrise de la reproduction dans les schémas de sélection en chèvres laitières. *Prod. Anim.,***21** (5), 391-402.

Lee Y., Lee O., Cho J., Shin H. H., Choi Y., Shim Y., Choi W., 2005. Ultrasonic measurement of fetal parameters for estimation of gestational age in Korean black goats. *The J. of vet. Med. Sci. / The Japanese Soci. of Vet. Sci.,* **67** (5), 497-502.

Mani M., 2009. *Le cycle sexuel de la chevre rousse de maradi : etude descriptive et progesteronemie.* Mémoire de Master, Univ. Cheick Anta Diop, Ecole Inter-états des Sciences et Médécine Vétérinaires (EISMV), 31p.

Marichatou H., Mamane L., Banoin M., Baril G., 2002. Performances zootechniques des caprins au Niger : étude comparative de la chèvre rousse de Maradi et de la chèvre à robe noire dans la zone de Maradi. *Rev. Elev. Med. Vet. Pays Trop.,***55** (1), 79-84.

Martinez M. F., Bosch P. et Bosch R. A., 1998. Determination of early pregnancy and embryonic growth in goats by transrectal ultrasound scanning. *Theriogenotogy,* **49**, 1555-1565.

Medan M. S., Watanabe G., Sasaki K., Sharawy S., Groome N. P., Taya K., 2003. Ovarian Dynamics and Their Associations with Peripheral Concentrations of Gonadotropins, Ovarian Steroids, and Inhibin During the Estrous Cycle in Goats. *Biol. of Reprod.,* **69**, 57– 63.

Medan M., Watanabe G., Absy K. S., Sharawy S., Taya K., 2004. Early pregnancy diagnosis by means of ultrasonography as a method of improving reproductive efficiency in goats. *J. of Reprod. and Develop.,***50**, 391 – 397.

Medan M. S., Abd El-Aty A. M., 2010. Advances in ultrasonography and its applications in domestic ruminants and other farm animals reproduction. *J. of Adv. Res.,***1** (2), 123-128.

Meinecke-Tillmann S., Meinecke B., 2007.*Ultrasonography in small ruminant reproduction*, In: Schatten H, Constantinescu GM (eds), Comparative Reproductive Biology, Blackwell, Philadelphia, pp349 – 376.

Metodiev N., Dimov D., Ralchev I., Raicheva E., 2012. Measurements of foetal growth via transabdominal ultrasonography during first half of pregnancy at ewes from synthetic population Bulgarian milk. *Bulg. J. Agric. Sci.,* **18**, 493-500.

Mialot J. P., Saboureau L., Etienne P. H., Parizot D., 1995. La pseudo gestation chez la chèvre. *Le Point Vét.*, **26**(165), 55- 62.

Missohou A., Diouf L., Sow R. S., Wollny C. B. A., 2004. Goat milk production and processing in the NIAYES in Senegal, *South African J. of Anim. Sci.*, **34** (supl 1), 151-154.

Missohou A., Talaki E., Laminou I. M., 2006. Diversity and Genetic Relationships among Seven West African Goat Breeds. *Asian-Aust. J. Anim. Sci.* **19** (9), 1245-1251.

Missohou A., Grégoire N., Simplice B., Mbacké A., 2016. Elevage caprin en Afrique de l'Ouest : une synthèse. *Rev. Elev. Med. Vet. Pays Trop.*, **69** (1), 3-18.

Molélé F., 2011. *Paramètres de reproduction et application de l'insémination artificielle pour l'amélioration de la productivité chez la chèvre sahélienne au Tchad.* Université Polytechnique BOBO-Dioulasso. 146p.

Moraes E. P. B. X., Freitas Neto L. M., Aguiar Filho C.R., Bezerra F. Q. G., Santos M. H. B., Neves J. P., Lima P. F., Oliveira M. A. L., 2009. Mortality determination and gender identification of conceptuses in pregnancies of Santa Ines ovine by ultrasound. *South African J. of Anim. Sci.*, **39** (4), 307 - 312.

Nantoumé H., Kouriba A, Diarra C., Coulibaly D., 2011. Amélioration de la productivité des petits ruminants : Moyen de diversification des revenus et de lutte contre l'insécurité alimentaire. *Liv. Res. for Rural Dev.*, **23** (5), 12p.

Neto L. M. F., Santos M. H. B., Aguiar Filho C. R., Santos J. E. R., Caldas E. L. C., Lima P. F., Oliveira M. A. L., 2010. Reliability of ultrasound for early sexing of goat fetuses derived from natural mating and from fresh, frozen and vitrified embryo transfer. *Reprod., Fertility and Dev.*, **22**, 1-5.

Ngona I.A., Beduin J.M., Khang'Maté A.B.F., Hanzen C., 2012. Etude descriptive des caractéristiques morphométriques et génitales de la chèvre de Lubumbashi en République démocratique du Congo. *Rev. Elev. Méd. Vét. Pays Trop.*, **65** (3-4), 75-79.

Nianogo A. J., Somda J., 1999. Diversification et intégration inter-spécifique dans leslélevages ruraux au Burkina Faso, *Biotech. Agron. Soc. Environ.* **3** (3), 133–139.

Nwaogu I. C, Kenneth O. A., Precious C. A., 2010. Estimation of foetal age using ultrasonic measurements of different foetal parameters in red Sokoto goats (Capra hircus). *Vet. Archi.*, **80** (2), 225-233.

Odubote I. K., 1996. Genetic parameters for litter size at birth and kidding interval in the West African Dwarf goats. *Small Rumin. Res.*, **20** (3), 261-265.

Omontese B. O., Rekwot P. I., Ate I. U., Rwuaan J. S., Makun H. J., Mustapha R. A., 2012. Use of ultrasonography for pregnancy diagnosis in Red Sokoto goats. *Scientific J. of Biol. Sci.,***1** (5), 101-106.

Ouattara L., Dorchies P. H., 2001. Helminthes gastro-intestinaux des moutons et chèvres en zones sub-humide et sahélienne du Burkina Faso. *Revue Méd. Vét.,***152** (2), 165-170.

Ouédraogo/Lompo Z., Sawadogo L., Nianogo A. J., 2000. Influence du taux de graines de coton dans la ration sur la production et la composition du lait chez la chèvre du sahel Burkinabé. *Tropicultura,***18** (1), 32-36.

Padilla-Rivas G. R., Sohnrey B., Holtz W., 2005. Early pregnancy detection by real-time ultrasonography in Boer goats . *Small Rumin. Res.,***58** (1), 87-92.

Parmar V. K., Patel K. B., Desai M. C., Mistry J. N., Chaudhary S. S., 2009a. Radiographic study on first appearance of ossification centers of bones in the goat fetuses: the pelvic limb. *Indian J. of Field Vet.,* **4** (4), 6-10.

Parmar V. K., Patel K. B., Desai M. C., Mistry J. N., Chaudhary S. S., 2009b. Radiographic study on first appearance of ossification centers of bones in the goat fetuses: the thoracic limb. *Indian J. of Field Vet.,***4** (3), 53-56.

Peacock C., 2005. Goats - A pathway out of poverty. *Small Rumin. Res.,***60** (1-2), 179-186.

Petrujkic B.T., Cojkic A., Petrujkic K., Jeremic I., Masulovic D., Dimitrijevic V., Savic M.,

Pešić M., Beier R. C., 2016. Transabdominal and transrectal ultrasonography of fetuses in Wurttemberg ewes: correlation with gestational age. *Anim. Sci. J.,***87**, 197–201.

Pitala W., Arouna A., Kulo A. E., Zongo M., Boly H., Gbeassor M., 2012. Impacts de l'abattage des brebis en gestation sur l'élevage au Togo. *Livest. Res. for Rural Dev.* (**24**) 209, 12p.

Raja K. R. I. A., Rahman M. M., Wan-Khadijah W. E., Abdull R. B., 2014. Pregnancy diagnosis in goats by using two different ultrasound probes. *J. Anim. & Plant Sci.,***24**(4), 1026 - 1031.

Refsal K.R., Marteniuk J.V., Williams C.S.F., Nachreiner R.F., 1991. Concentrations of estrone sulfate in peripheral semem of pregnant goats: relationships with gestation length, fetal number and the occurrence of fetal death in utero. *Theriogenology*, **36**, 449 - 461.

Rege J. E. O., Marshall K., Notembaert A., Ojango J. M. K., Okeyo A. M., 2011. Pro-poor animal improvement and breeding - what can science do? *Livest. Sci.,***136**, 15-28.

Rihab M. A., Bushra,H. A., Salah M. A., Mohamed T. I., 2012. The accuracy of gestational age predicted from femur and humerus length in Saanen goats using ultrasonography, *Acta Vet. Brno,***81**, 295 – 299.

Roberts J.N., May K. J., Veiga-Lopez A., 2017. Time-dependent changes in pregnancy-associated glycoproteins and progesterone in commercial crossbred sheep. *Theriogenology*, **89**, 271 – 279.

Saberivand A., Ahsan S., 2016. Sex determination of ovine embryos by SRY and amelogenin (AMEL) genes using maternal circulating cell free DNA. *Anim. Reprod. Sci.,***164**, 9-13.

Samir H., Karen A., Tarek A Mostafa A., Mohamed E., Gen W., 2016. Monitoring of embryonic and fetal losses in different breeds of goats using real-time B-mode ultrasonography. *Theriogenology*, **85** (2), 207-215.

Santos M. H. B., Moura R. T. D., Chaves R. M., Soares A. T., Neves J. P., 2006. Sexing of Boer goat fetuses using transrectal ultrasonography. *Anim. Reprod.,***3** (3), 359 - 363.

Santos M. H. B., Aguiar Filho C. R., Freitas Neto L. M., Santos E. R., Freitas V. J. F., Neves J. P., Lima P. F., Oliveira M. A. L., 2007a. Sexing of Savana goat fetuses using transrectal ultrasonography. *Med. Vet.,* **1** (2), 50-55.

Santos M. H. B., Marcelo C. R., Filho C. R. A., Dezzoti C. H., Reichenbach H. D., Neves J. P., Lima P. F., 2007b. Accuracy of early fetal sex determination by ultrasonic assessment in goats. *Res. in Vet. Sci.,***83** (2), 251-255.

Shahin M., Friedrich M., Gauly M., Beckers J.F., Holtz W., 2013. Pregnancy-associated glycoprotein (PAG) pattern and pregnancy detection in Boer goats using an ELISA with different antisera. *Small Rumin. Res.,* **113**, 141– 144.

Simoes J., Almeida J.C., Valentim R., Baril G., Azevedo J., Fontes P., Mascarenhas R., 2006. Follicular dynamics in Serrana goats. *Anim. Reprod. Sci.,***95**, 16–26.

Simoes J., Potes J., Azevedo J., Almeida J. C., Fontes P., 2005. Morphometry of ovarian structures by transrectal ultrasonography in Serrana goats. *Anim. Reprod. Sci.,***85**, 263-273.

Sivachelvan M. N., Ghali M., Ali G., Chibuzo A., 1996. Foetal age estimation in sheep and goats. *Small Rumin. Res.,* 19 (1), 69-76.

Sousa N. M., Gonzalez F., Karen A., EL-Amiri B., Sulon J., Baril G., Cognie Y., 2004.Diagnostic et suivi de gestation chez la chèvre et la brebis Pregnancy diagnosis and follow-up in goat and sheep. *Renc. Rech. Rumin.,* 11 (1), 377-380.

Suguna K., Mehrotra S., Agarwal K., Hoque M., Singh S. K., Shanker U., Sarath T., 2008. Early pregnancy diagnosis and embryonic and fetal development using real time B mode ultrasound in goats. *Small Rumin.t Res.,* 80 (1-3), 80-86.

Tainturier B., Tainturier D., Wyers M., 2004. Étude échographique et histologique du tubercule génital chez le fœtus bovin : application au diagnostic du sexe. *Revue Méd. Vét.,* 155 (2), 74-81.

Tamboura H. H., Sawadogo L., Wereme A., 1998. Caractéristiques temporeeles et endocriniennes de la puberté et du cycle oestral chez la chèvre locale Mossi du Burkina Faso. *Biotech. Agron. Soc. Environ.,* 2 (1), 85-91.

Tamini L. D., Fadiga M. L. and Sorgho Z., 2014. *Chaines de valeur des petits ruminants au Burkina Faso : Analyse de situation.* ILRI Project Report. Nairobi, Kenya: International Livestock Research Institute (ILRI). 156p.

Tandiya U., Nagar V., Yadav V.P., Ali I., Gupta M., Dangi S.S., Hyder I., Yadav B., Bhakat M., Chouhan V.S., Khan F.A., Maurya V.P., Sarkar M., 2013. Temporal changes in pregnancy-associated glycoproteins across different stages of gestation in the Barbari goat. *Anim. Reprod. Sci.,* 142, 141– 148.

Traoré A., Tamboura H.H., Kaboré A. , Yaméogo N., Bayala B., Zaré I., 2006. Caractérisation morphologique des petits ruminants (ovins et caprins) de race locale " Mossi " au Burkina Faso. *Agri,* 39, 39-50.

Traoré A, Alvarez I., Tamboura H. H., Fernandez I., Kaboré A., Royo L. J., Gutiérrez J. P., 2009.Genetic characterisation of Burkina Faso goats using microsatellite polymorphism. *Livest. Sci.,* 123 (2-3), 322-28.

Traoré A., 2010.*Caracterisation des ressources genetiques caprines du burkina faso a l'aide d'indices morpho-biometriques et de marqueurs moleculaires.* Thèse de doctorat, Univ. Ouagadougou, 111p.

Traoré B., Zongo M., Pitala W., Haro M., Sanou D., Sawadogo L., 2017. Dynamique de la résorption utérine chez la chèvre du Sahel : effet de la parité. *Int. J. Biol. Chem. Sci.,* 11(6), 2926-2657.

Tsai T. C., Wu S. H., Chen H. L., Tung Y. T., Cheng W. T. K., Huang J. C.,

Chen C. M., 2014. Identification of sex-specific polymorphic sequences in the goat amelogenin gene for embryo sexing . *J. Anim. Sci.,* **89**, 2407-2414.

Turkson P. K., Antiri Y. K., Ba O., 2004. Risk Factors for Kid Mortality in West African Dwarf Goats Under an Intensive Management System in Ghana. *Trop. Anim. Health and Prod.,* **36** (4), 353-364.

Valasi I., Barbagianni M.S., Ioannidi K.S., Vasileiou N.G.C., Fthenakis G.C., Pourlis A., 2017. Developmental anatomy of sheep embryos, as assessed by means of ultrasonographic evaluation . *Small Rumin. Res.,* **152**, 56–73.

Vural M. R., Sel T., Karagul H., Ozenc E., Orman M., Izgur H., Kuplulu S., 2008. Ultrasonographic examinations of embryonic fetal growth in pregnant Akkaraman ewesfed selenium supply and dietary selenium restriction. *Rev. Méd. Vét.,* **159** (12), 628-633.

Wani N. A., Wani G. M., Mufti A. M., Khan M. Z., 1998. Ultrasonic pregnancy diagnosis in gaddi goats. *Small Rumin. Res.,* **29**, 239 - 240.

Waziri M. A. , Ikpe A.B., Bukar M. M., Ribadu A.Y., 2017. Determination of gestational age through trans-abdominal scan of placentome diameter in Nigerian breed of sheep and goats. *Sokoto J. of Vet. Sci.,* **15** (2), 49-53.

Waziri M. A., Sivachelvan N. M., Mustapha A. R., Ribadu A. Y., 2012. Time-related and sequential developmental horizons of Sahel goat foetuses. *Sokoto J. of Vet. Sci.,* **10** (2), 32-39.

Yaseen M. R., 2017. Assessment of gestational age in goats by Real-Time Ultrasound measuring the fetal crown rump length, and bi-parietal diameter. *Iraqi J. of Vet. Med.,* **41**(2), 106-112.

Yazici E., Ozenc E., Mehmet H. A. C., 2018. Ultrasonographic foetometry and maternal serum progesterone concentrations during pregnancy in Turkish Saanen goats. *Anim. Reprod. Sci.,* **197**, 93-105.

Yotov A. S., 2012. Ultrasound Diagnostics of Late Embryonic and Foetal Death in Three Sheep Breeds Ultrasound Diagnostics of Late Embryonic and Foetal Death in Three Sheep Breeds. *J. Adv., Vet.,* **2** (3), 120-125.

Youssef G. B., Bakry H. H., El-Shwarrby R. M., Nabila M., Abd E., El-Shewy E. A., 2016.

The relation between the growth plate closure in tibia and the age of sheep and goat: Medicolegal study. Sch. J. App. Med. Sci., **4**(3C), 812-815.

Youssouf M. L., Zeuh V., Adoum I. Y., Nadjissara D., 2014. The Weight Performance of the Sahel Goats in Guera , the Centre of Chad The Weight Performance of the Sahel Goats in Guera , the Centre of TChad. *J. Anim. Sci. Adv.*, **4** (6), 862 - 868.

Zalen-sprock R. M., Brons J. T. J., Vugt J.M.G. V., Harten H. J. V. D., Geijn H. P. V., 1997. Ultrasonographic and radiologic visualiszation of the developing embryonic skeleton. *Ultrasound in Obstetrics and Gynecology,* **9**, 392-397.

Zarrouk A., Drion P. V., Dramé E. D., Beckers J. F., 2000. Pseudogestation chez la chèvre: facteur d'infécondité. *Ann. Méd. Vét.,***144**, 19-21.

Zarrouk A., Souilem O., Drion P. V. et Beckers J. F., 2001. Caractéristiques de la reproduction de l'espèce caprine. *Ann. Méd. Vét.,***145**, 98-105.

Zongo M., 2015.*Application de l 'échographie à la reproduction .* Thèse Doctorat, Univ. Joseph KI-ZERBO, 163p.

Zongo M., Teresa M., Rubio P., Boly H., Ababneh M. M., Sanou D., Belemtougri R., Sawadogo L., 2014. Évaluation de la technique de détermination du sexe et de fœtométrie par échographie chez la chèvre du sahel. *Int. J. Biol. Chem. Sci.,***8** (6), 2516-2522.

Zongo M., Traoré B., Ababneh M. M., Hanzen C., 2015. Ultrasonographic assessment of uterine involution and ovarian activity in West Africa Sahelian goats. *J. of Vet. Med. and Anim. Health,***7** (2), 71-76.

Zongo M. , Kimsé M., Kulo E. A., Sanou D., 2018. Fetal growth monitoring using ultrasonographic assessment of femur and tibia in Sahelian goats. *J. of Anim. and Plant Sci.,* **36**(1), 5763 - 5768.

RAPPORTS CONSULTES

MASA/CEFCOD, 2013. Situation De Reference Des Principales Filieres Animales Au Burkina Faso, Rapport, 73p.

MRA., 2010. Politique nationale de developpement durable de l'élevage au burkina faso. Ministère des Réssources Animales, 25p.

MRA., 2015. Annuaires des statistiques de l'elevage 2014. Ministère de Réssources Animales, 154p.

ANNEXES

ARTICLES SCIENTIFIQUES TIRES DE LA THESE

ARTICLES PUBLIES

TraoréB.,Zongo M., Yamboué T. A., Sanou S. D., Hanzen C., 2019. Intérêt de l'échographie dans le contrôle de la reproduction chez la chèvre: synthèse. *Rev. Elev. Med. Vet. Pays Trop.,***72** (1): 33-40, doi: 10.19182/remvt.31729

Traoré B., Zongo M., Yamboué T. A.,Sanou S. D., 2019. Imagerie échographique du développement embryonnaire chez la chèvre du Sahel. *Int. J. Biol. Chem. Sci.,***13**(1): 145-156.https://dx.doi.org/10.4314/ijbcs.v13i1.12

ARTICLES EN REDACTION

Article 1 : Développement du tubercule génital et évaluation de l'échographie appliquée à la détermination du sexe du fœtus *in vivo* chez la chèvre du sahel

Article 2:Estimation de l'âge de la gestation chez la chèvre par échographie en milieu d'élevage.

AUTRES ARTICLES SCIENTIFIQUES

Traoré B., Zongo M., Pitala W., Haro M., Sanou S. D., Sawadogo L., 2017. Dynamique de la résorption utérine chez la chèvre du Sahel : effet de la parité. *Int. J. Biol. Chem. Sci.,***11**(6), 2926-2657.

Zongo M., Traoré B.,Ababneh M. M., Hanzen C., Sawadogo L., 2015. Ultrasonographic assessment uterine involution and ovarian activity in West African Sahelian goat. *J. Vet. Med. Health*, **7**(2) 71- 76.

ABSTRACT

Gestation control in goats is an important means for organizing and optimizing animal production. The present study aims to determine characteristics and sequential development of embryonic and fetal in Sahelian goats by ultrasound.

Ultrasound exams were performed on Sahelian goats in gestation using a 5Mhz transrectal probe and another 3.5Mhz transabdominal. Ultrasound exams started from day 15 after fertilization until day 120 of gestation. Experimentation was conducted in three parts, monitoring characteristics and sequences of embryonic development, fetal biometric and accuracy assessment of fetal sex determination and age estimation by ultrasound.

Embryonic development steps were marked by observation of an embryonic vesicle of 9.42 ± 1.01 mm diameter which filling a filamentous embryo of 7.37 ± 1.05 mm length at days 23.80 ± 3.76. Heartbeats and umbilical cord were identified at day 28. Ossification of the calvarium was first detected at day 40.

At day 45 of gestation, fetal limbs, head, tail, umbilical cord, spine and body were well individualized. Genital tubercle migration was complete at 46.01 ± 5.02 days of gestation. At day 48, mammary buds, foreskin and fetal movements were visualized by ultrasound. Scrotal bag and vulva have been observed at day 51 and day 53 of gestation respectively. The limbs bones such as (tibia, femur, humerus, ulna) and vertebrae are measurable at day 54 of gestation.

Fetal and fetal-maternal biometric parameters grown significantly ($P \leq 0.001$) with the age of gestation. Embryonic length, Biparietal and umbilical cord diameters as well as the embryo length were strongly correlated ($R \geq 0.90$) with the age of gestation, while placentome diameter was moderately correlated ($R = 0, 61$).

92% and 85% of prediction respectively by biparietal diameter and umbilical cord diameter give birth ± 14 days range contrary to placentome diameter which is 64%. However, placentome diameter was reliable until 85 days of gestation.

Accuracy of fetal sex determination *in vivo* by ultrasound has given a total sensibility of 83.11% (64/77) with a non-significant variation between the opposite sex ($P \geq 0.05$). However, it was varied according to the litter size and gestation stage ($P \leq 0.05$). The predictive value for male sex determination was significantly ($P \leq$

0.05) higher (85.36%) than female (78.37%). Sensitivity and predictive value varied significantly ($P \leq 0.05$) depending on mode of examination in female fetuses.

The obtained results would complete some missing data on the goat embryology and they constitute better guides for rationalizing and optimizing goat reproduction management in the tropics. Finally, this work has generated an expertise for improving capacity of our livestock sector.

Keywords: gestation, Saheliangoat, ultrasound, sex, fetus

www.ingramcontent.com/pod-product-compliance
Lightning Source LLC
Chambersburg PA
CBHW061335220326
41599CB00026B/5203